我不知道企鹅能在水下“飞”

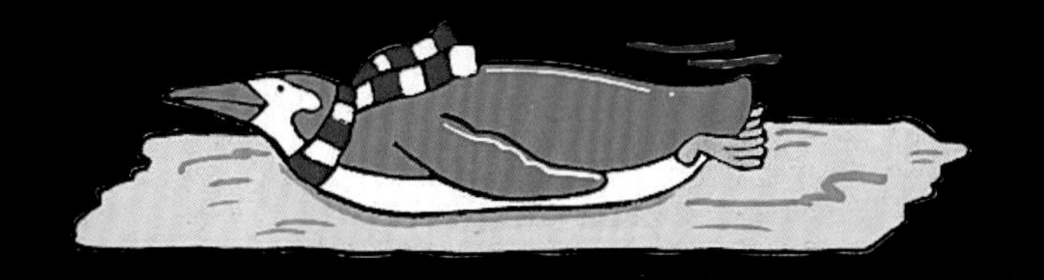

太酷啦！动物的秘密如此多

我不知道企鹅能在水下“飞”

[英]克莱尔·卢埃琳◎著
[英]克里斯·希尔兹◎绘
沈广湫◎译

湖南少年儿童出版社
HUNAN JUVENILE & CHILDREN'S PUBLISHING HOUSE
小博集
BOOKY KIDS
·长沙·

著作权合同登记号：图字 18-2023-259

图书在版编目（CIP）数据

太酷啦！动物的秘密如此多．我不知道企鹅能在水下“飞”／（英）克莱尔・卢埃琳著；（英）克里斯・希尔兹绘；沈广湫译．-- 长沙：湖南少年儿童出版社，2024.2
ISBN 978-7-5562-7455-0

Ⅰ．①太… Ⅱ．①克… ②克… ③沈… Ⅲ．①动物－儿童读物 Ⅳ．① Q95-49

中国国家版本馆 CIP 数据核字 (2024) 第 013227 号

TAI KU LA! DONGWU DE MIMI RUCI DUO WO BU ZHIDAO QI'E NENG ZAI SHUI XIA “FEI”
太酷啦！动物的秘密如此多 我不知道企鹅能在水下“飞”

[英] 克莱尔・卢埃琳◎著 [英] 克里斯・希尔兹◎绘 沈广湫◎译

监　　制：齐小苗
责任编辑：张　新　蔡甜甜
策划编辑：盖　野　徐耀华
营销编辑：刘子嘉
策　　划：童立方・小行星
封面设计：马俊嬴
版式设计：马俊嬴
排　　版：马俊嬴

出 版 人：刘星保
出　　版：湖南少年儿童出版社
地　　址：湖南省长沙市晚报大道 89 号
邮　　编：410016
电　　话：0731-82196320
常年法律顾问：湖南崇民律师事务所 柳成柱律师
经　　销：新华书店
开　　本：889 mm×995 mm 1/16
印　　刷：北京尚唐印刷包装有限公司
字　　数：18 千字
印　　张：2
版　　次：2024 年 2 月第 1 版
印　　次：2024 年 2 月第 1 次印刷
书　　号：ISBN 978-7-5562-7455-0
定　　价：198.00 元（全 12 册）

若有质量问题，请致电质量监督电话：010-59096394　团购电话：010-59320018

你知道吗？有些鸟儿一天能飞行 960 千米，有些鸟儿好像有着水上行走的绝技，而有些鸟儿却根本不会飞……

快来认识各种各样的鸟儿，了解最大的鸟儿有多大，最小的鸟儿有多小，它们吃什么、如何繁育鸟宝宝，一起探索神奇的鸟世界吧！

注意这个图标，它表明这一页上有一个好玩的小游戏，快来一试身手！

真的还是假的？看到这个图标，说明要做判断题喽！记得先回答，再看答案。

别忘了读一读页边上的鸟类小百科！

鸟儿都有羽毛

这在动物界是独一无二的。羽毛可以保暖，帮助鸟儿飞翔。颜色暗淡的羽毛能让鸟儿安全地“隐身”，色彩艳丽的羽毛有助于鸟儿找到伴侣。

孔雀

有这样一个阿拉伯传说：一只神鸟每过500年就会搜集香木自焚，然后从灰烬中重生。

真的还是假的？

鸟类是唯一会飞的动物。

答案：假的。蜜蜂和蝴蝶等昆虫也会飞，它们用轻薄的翅膀在空中飞翔。蝙蝠虽然是哺乳动物，但是也会飞。蝙蝠的翅膀上覆盖着一层薄薄的皮膜。

研究鸟类的科学家叫作鸟类学家。他们学习所有关于鸟的知识，研究鸟的行为和习性。不过，也有很多普通人对鸟类感兴趣，成了热心而专业的观鸟人。

几维鸟不会飞，它的羽毛非常柔软，毛茸茸的。

我不知道

鸟儿拍拍翅膀才能起飞

它们将翅膀打开，舒展羽毛，迎着气流拍打翅膀，起飞！海鹦需要强健的肌肉和充足的体力，才能飞越狂风不息的大海！

海燕属于小型鸟类。它们仿佛掌握了在海上行走的本领，飞行时会用脚轻拍海面，用喙叼出美味的鱼和浮游生物。

信天翁有着长而窄的翅膀，双翅展开有3~4米长。它们飞行时很少拍动翅膀，而是乘着海面的暖气流滑翔上升。

捏住纸的一头，朝纸面上吹气，你会发现纸能飘起来，这就是鸟儿在空中滑翔的原理。空气掠过翅膀的上方，为鸟儿提供了上升的动力。

雨燕幼鸟可以在空中连续飞行两年而不落地。

有些鸟儿会“换装”

雷鸟的羽毛在夏天是灰褐色的，到了秋天它们开始换羽，长出白色新羽。冬天第一场雪降下时，白色羽毛为雷鸟提供了完美的伪装保护色，从而逃过捕猎者的眼睛。

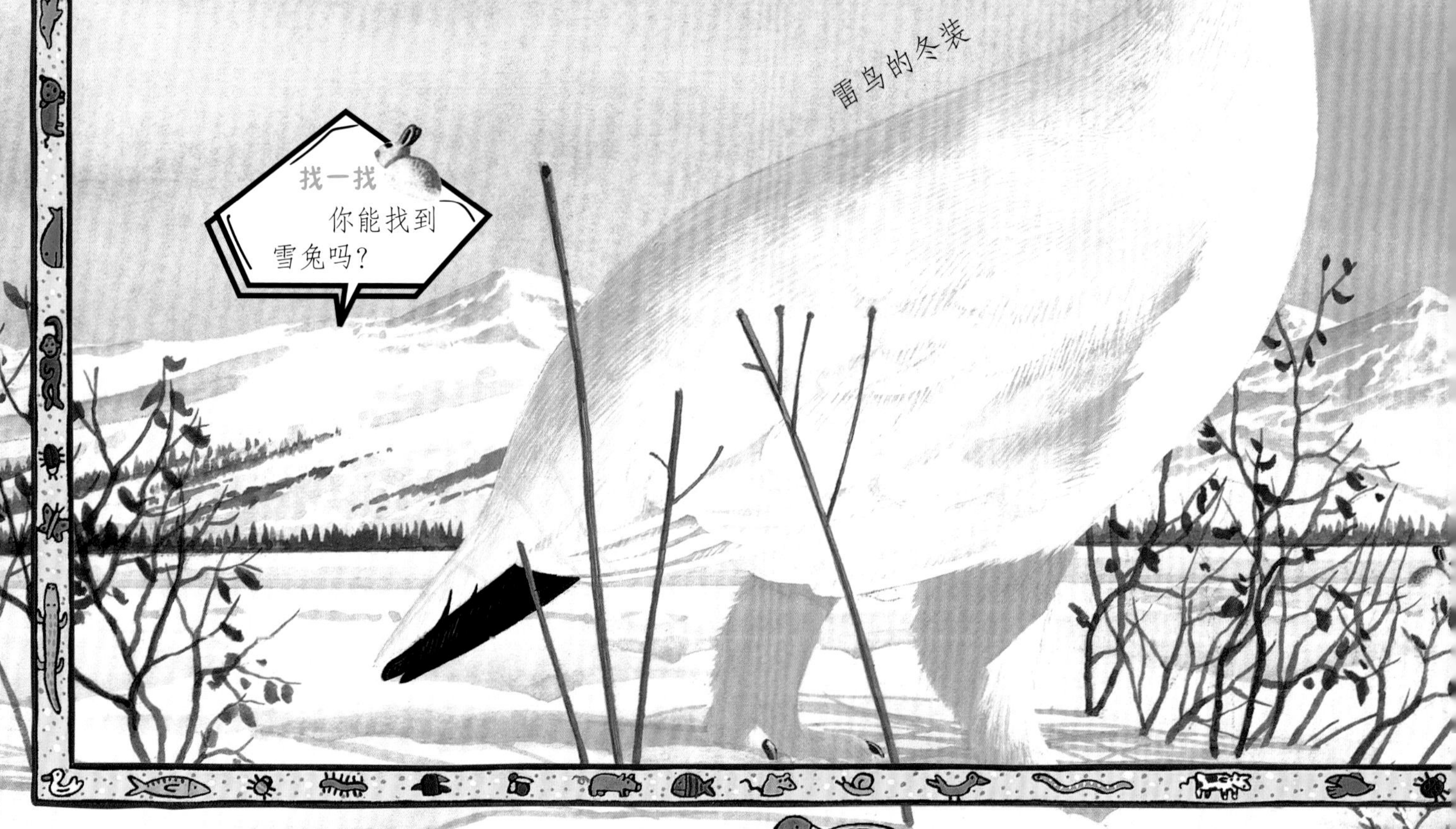

雷鸟的冬装

鸟儿会洗浴和梳理羽毛，让羽毛处于最佳状态。

飞羽帮助鸟儿飞翔，体羽让鸟儿的外形呈流线型，绒羽保暖，尾羽帮助鸟儿保持平衡和调整方向。

数一数天鹅有多少根羽毛？别费这个劲啦——它们大约有2.5万根羽毛。每根羽毛的寿命约为一年。旧的羽毛松动掉落后，会有新的羽毛长出。

羽毛上有带钩或槽的羽枝，相互钩连，使羽毛表面光滑柔顺。你可以试着用指头顺着羽枝生长的方向滑动，羽毛会合拢。反方向滑动，羽毛会打开。

我不知道 企鹅能在水下“飞”

它们的翅膀又短又粗，还很硬，不适合在天空中飞翔。不过，这样的翅膀堪称完美的“鳍”。只要拍拍翅膀，企鹅就能在水中快速前进。

企鹅滑动翅膀，让身体像雪橇一样滑过冰面。

对于不会飞的鸟儿来说，躲避危险是个大问题。300 多年前，水手来到一座海岛上，发现了渡渡鸟。令人伤心的是，美味却不会飞的渡渡鸟遭到捕杀，最后灭绝了。

鸸鹋不会飞，但它们在陆地上奔跑的时速可达 50 千米。它们的身影一闪而过，好像参加比赛的自行车。

我不知道：有些鸟儿会倒挂

繁殖季节来临，雄性极乐鸟从树枝上倒挂下来，炫耀自己绚丽的羽毛，努力吸引雌鸟的关注。

丹顶鹤在繁殖的季节会翩翩起舞。雌鸟和雄鸟轻展双翅，昂首摇摆，跳跃到空中，舞姿十分优美。

无论雌雄，天鹅都会与自己的伴侣相守一生。

雄性白头海雕会表演飞行绝技，以此打动伴侣。它来一个神勇的俯冲，时速可达 160 千米。

蓝极乐鸟

真的还是假的？

鸟儿鸣叫是为了吸引伴侣。

答案：真的。蓝尾八色鸫是一种善于鸣叫的鸟儿，喜欢躲藏在树丛或枝叶间。高声鸣叫不仅是雄鸟获得关注的好办法，也可以警示其他雄鸟不要靠近自己的巢。

繁殖季节，雄性军舰鸟鼓起鲜红色的喉囊，大展魅力。

我不知道 有些鸟儿会织巢

非洲草原上有一种织巢鸟，雄鸟会用草在树枝上编织出美丽的鸟巢。雌鸟随后飞来巡视，如果中意某个鸟巢，它可能会住进来。

吉拉啄木鸟生活在炎热而干燥的沙漠里。它们在巨大的仙人掌上挖洞筑巢。仙人掌里面凉爽舒适，表面的刺还能赶走偷蛋者。

灶巢鸟用黏土或泥做巢，巢的形状很像一个火壁炉。它们要飞行上千次，才能衔来足够的泥建造出鸟巢。

真的还是假的？

所有鸟儿都会筑巢。

答案：假的。也有许多鸟儿不筑巢。白燕鸥把蛋产在树杈间，每窝只产一枚蛋。许多海鸟选择在地面或悬崖边的洞里下蛋。

鹳常常在烟囱上筑巢。

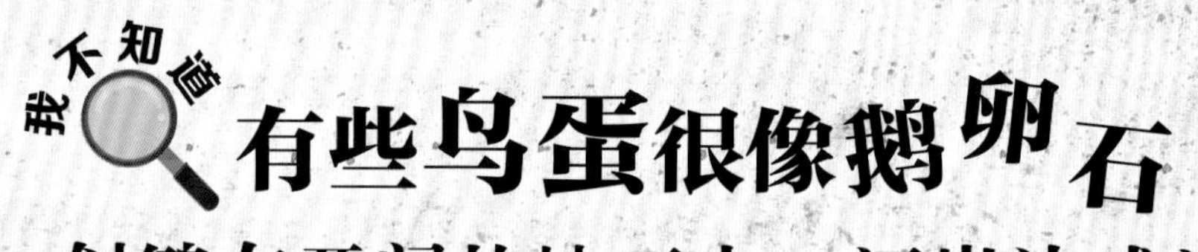

我不知道 有些鸟蛋很像鹅卵石

剑鸻在开阔的地面上、河岸边或沙滩上的岩石间产蛋。剑鸻蛋上长有斑点，看上去很像四周的鹅卵石，所以不容易被天敌发现。

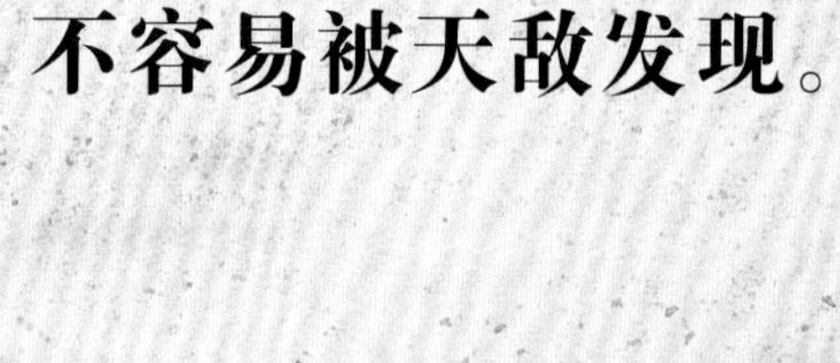

鸳鸯

鸟蛋孵化需要一定的温度，所以鸟爸爸和鸟妈妈会用自己的羽毛为蛋保暖，这个过程叫作孵化。

真的还是假的？

鸟蛋的孵化期一般是 10 天。

答案：假的。有些鸟蛋孵化需要10天，但这只是最快的情况。大多数鸟蛋孵化需要更长的时间。鸸鹋蛋孵化大约需要8周。

鸟宝宝的养分来自蛋黄和蛋白。蛋白也叫“蛋清”，就是蛋中像透明果冻的部分。蛋壳上有微小的透气孔，鸟宝宝通过透气孔呼吸。

在许多国家和地区，鸟蛋受到法律的保护。

我不知道 破壳而出是个辛苦活儿

鸟蛋看起来很脆弱，其实蛋壳十分坚硬。雏鸟一般都要啄上好几个小时，才能完全出壳。

灰林鸮雏鸟

真的还是假的？

同一窝的鸟蛋会同时孵化。

答案：假的。猫头鹰在产下第一枚蛋后，会立即开始孵蛋，所以第一枚蛋会比其他的蛋提前1周孵化。

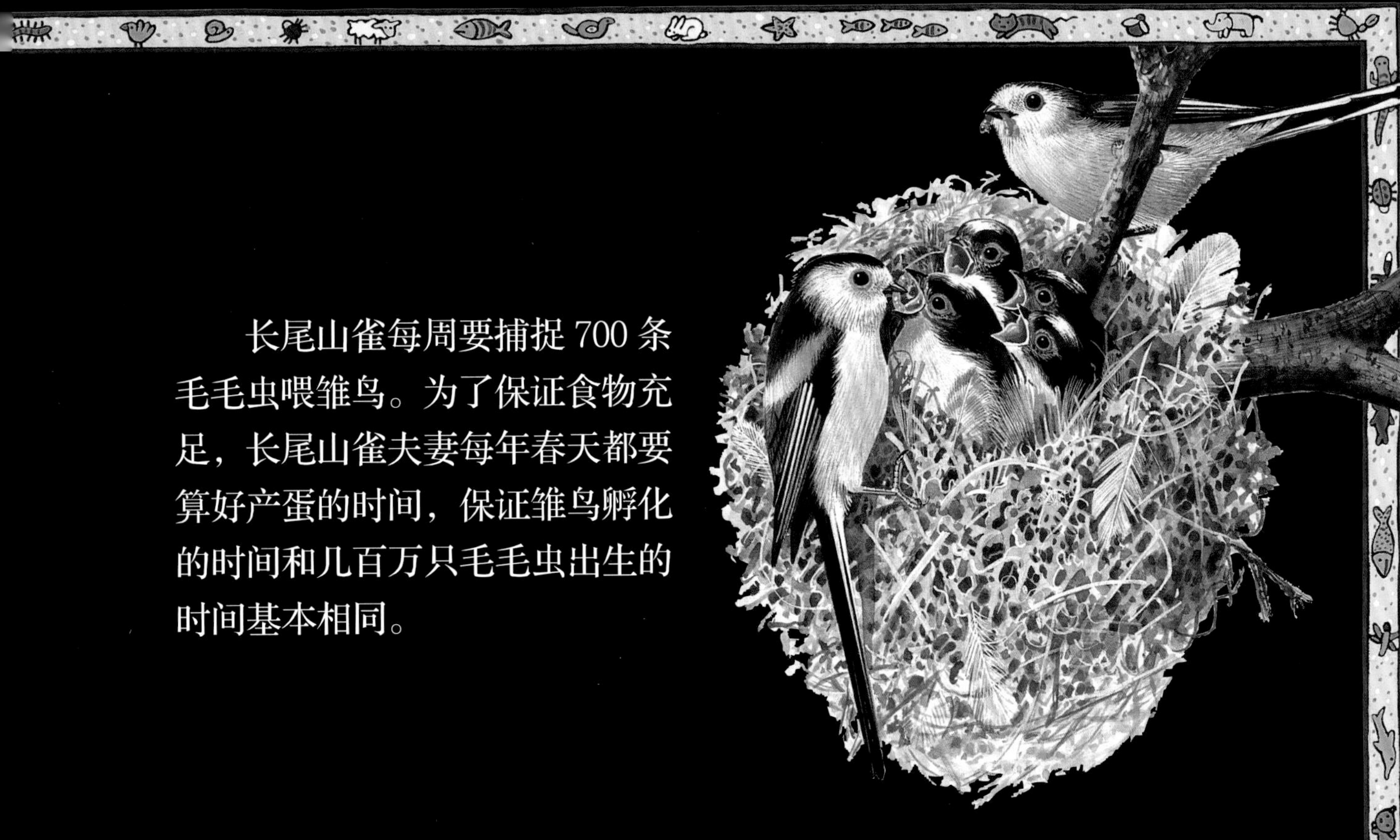

长尾山雀每周要捕捉 700 条毛毛虫喂雏鸟。为了保证食物充足，长尾山雀夫妻每年春天都要算好产蛋的时间，保证雏鸟孵化的时间和几百万只毛毛虫出生的时间基本相同。

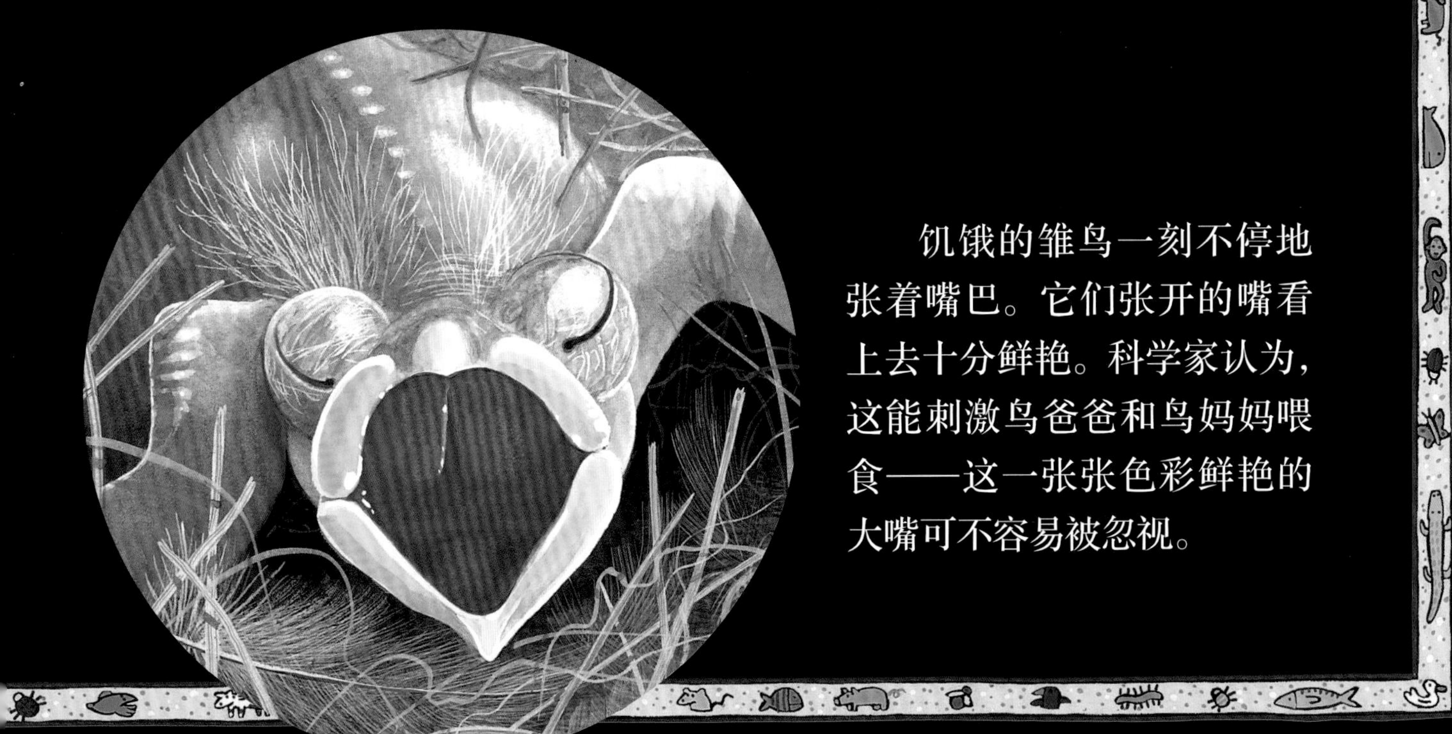

饥饿的雏鸟一刻不停地张着嘴巴。它们张开的嘴看上去十分鲜艳。科学家认为，这能刺激鸟爸爸和鸟妈妈喂食——这一张张色彩鲜艳的大嘴可不容易被忽视。

我不知道

托哥巨嘴鸟用“镊子”吃饭

托哥巨嘴鸟喜欢吃水果，它们巨大的中空喙像镊子一样，可以灵巧地吃到枝头上成熟的水果。

冠蓝鸦以坚果为食，它们像松鼠一样把坚果埋在地下。

蜂鸟用来吸食花蜜的舌头就像吸管一样。

真的还是假的？

蜂虎绝不会被蜇。

答案：真的。蜂虎在吃掉蜜蜂前，会把蜜蜂放在地上来回地蹭，以便把毒针蹭掉。

画眉

画眉喜欢吃昆虫或蜗牛这样的小动物。它们衔起蜗牛，往石头上一磕，蜗牛壳就被打开了。

蜂虎

火烈鸟的喙像滤网。它们先用弯弯的嘴巴吸水，然后用舌头把水往外推。水排出时会通过一层细密的过滤网，细小的食物就留在了嘴里。

细密的过滤网

火烈鸟

猛禽在很饿的时候也会捕食虫子。

我不知道 有些鸟儿“腿上功夫”很厉害

蛇鹫生活在非洲大陆开阔的草原上，它们大部分时间都待在地面，主要捕食蜥蜴和蛇类。它们会用利爪使劲地踩踏猎物。

雕鸮

真的还是假的？

猫头鹰在黑暗中也能看清东西。

答案：假的。猫头鹰的眼睛很大，能够适应微弱的光线，但它们在完全的黑暗中也无法看清东西。猫头鹰在夜间捕食，主要依靠它们敏锐的听力。

秃鹫以腐肉为食。它们飞过草原，不断地侦察、闻嗅，希望能找到一顿美餐。一旦发现目标，它们就用强有力的钩喙将尸体撕成碎片。

鹗也叫作鱼鹰。它们俯冲到水面上，伸出长爪先将鱼牢牢钳住，接着，它们带着战利品飞到附近的树枝上，开始享用鲜鱼美餐。

金雕视力惊人，能够锁定千米以外的兔子。

我不知道

有些鸟一天能飞960千米

大雁的飞行速度堪比汽车，而且可以不停地飞行很长时间。春秋季节，许多大雁会迁徙到遥远的地方繁育后代，以避开寒冷的冬季。

科学家还没有完全弄清楚鸟儿迁徙时是如何辨别路线的。也许它们的身体里有一个天然的“指南针”，帮助它们识别方向，也许太阳和月亮是它们的向导。

玫胸白斑翅雀

灯塔发出的光会干扰夜间迁徙的鸟群。

真的还是假的？

有些鸟儿环绕地球飞行。

答案：真的。北极燕鸥每年会从北极飞到南极，再飞回北极——而且年年如此！来回旅程超过 3.4 万千米。

迁徙的鸟儿通常在湖泊或河湾暂做停留。这些地方相当于服务站，长途飞行的鸟儿可以在这里进食和休息。

有些鸟群里有100万只鸟

红嘴奎利亚雀生活在非洲，鸟群非常庞大，常常有几百万只鸟一起飞翔，一起吃草籽，几分钟内就可以吃光一个农场的庄稼——简直就是鸟界的蝗虫！

鸵鸟是世界上最大的鸟儿，身高可达2.7米。古巴吸蜜蜂鸟是世界上最小的鸟儿之一，大小和蜜蜂差不多。

蜂鸟甚至可以倒着飞。

真的还是假的？

有些鸟儿飞得和特快列车一样快。

答案：真的。游隼是世界上俯冲速度最快的鸟儿。它们在空中捕食其他鸟类时，俯冲速度可达时速 300 千米。

鸟界长嘴冠军当数澳大利亚鹈鹕。它们剪刀状的鸟喙最长可达 47 厘米，整理羽毛的时候肯定非常好用！

知识点

蛋黄

蛋里面黄色的部分，为发育中的雏鸟提供养分。

繁殖季节

每年雄鸟和雌鸟聚到一起交配、繁育后代的某个时期。

孵化

保持蛋内温暖，直至雏鸟发育完成后破壳而出。

腐肉

动物死去之后的尸体。

河湾

河流入海的区域。

花蜜

花朵里香甜的汁液，常常吸引鸟儿、昆虫和其他动物前来吸食。

换羽

羽毛磨损后脱落，被新羽代替。

流线型

只有身体线条流畅，鸟儿在空中飞行时才能更省力。

灭绝

某种植物或动物永远地从地球上消失。

暖气流

一股上升的暖空气，为鸟儿飞行提供升力。

迁徙

从地球上的一个地方迁移到另一个地方。有些鸟类每年都在它们的夏季繁殖地和越冬地之间迁徙。

伪装保护色

鸟类羽毛上的颜色或花纹，帮助它们更好地融入周围环境，不易被发现。

羽枝

羽毛上类似钩子的枝杈。

爪

猛禽长而弯曲的爪子。

整理羽毛

鸟用喙清洁、理顺羽毛。

我不知道

所有**昆虫**

都只有

6 条腿

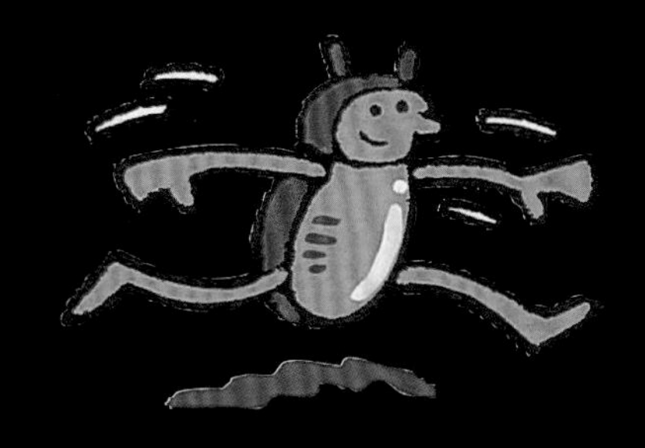

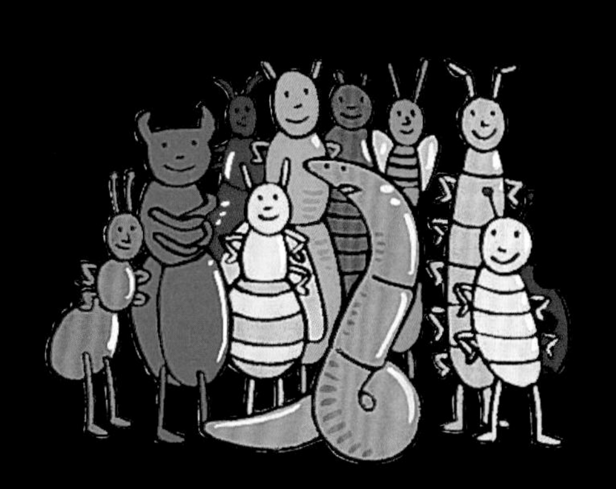

我不知道所有昆虫都只有6条腿

［英］克莱尔·卢埃琳◎著
［英］麦克·泰勒◎绘
沈广湫◎译

CTS 湖南少年儿童出版社 HUNAN JUVENILE & CHILDREN'S PUBLISHING HOUSE 小博集 BOOKY KIDS
·长沙·

著作权合同登记号：图字 18-2023-259

图书在版编目（CIP）数据

太酷啦！动物的秘密如此多．我不知道所有昆虫都只有 6 条腿 /（英）克莱尔·卢埃琳著；（英）麦克·泰勒绘；沈广湫译．—— 长沙：湖南少年儿童出版社，2024.2

ISBN 978-7-5562-7455-0

Ⅰ．①太… Ⅱ．①克… ②麦… ③沈… Ⅲ．①动物－儿童读物 Ⅳ．① Q95-49

中国国家版本馆 CIP 数据核字 (2024) 第 013214 号

TAI KU LA! DONGWU DE MIMI RUCI DUO WO BU ZHIDAO SUOYOU KUNCHONG DOU ZHIYOU 6 TIAO TUI
太酷啦！动物的秘密如此多 我不知道所有昆虫都只有 6 条腿

[英] 克莱尔·卢埃琳◎著 [英] 麦克·泰勒◎绘 沈广湫◎译

监　　制：齐小苗
责任编辑：张　新　蔡甜甜
策划编辑：盖　野　徐耀华
营销编辑：刘子嘉
策　　划：童立方·小行星
封面设计：马俊嬴
版式设计：马俊嬴
排　　版：马俊嬴

出 版 人：刘星保
出　　版：湖南少年儿童出版社
地　　址：湖南省长沙市晚报大道 89 号
邮　　编：410016
电　　话：0731-82196320
常年法律顾问：湖南崇民律师事务所 柳成柱律师
经　　销：新华书店
开　　本：889 mm×995 mm 1/16
印　　刷：北京尚唐印刷包装有限公司
字　　数：18 千字
印　　张：2
版　　次：2024 年 2 月第 1 版
印　　次：2024 年 2 月第 1 次印刷
书　　号：ISBN 978-7-5562-7455-0
定　　价：198.00 元（全 12 册）

若有质量问题，请致电质量监督电话：010-59096394　团购电话：010-59320018

你知道吗？要看白蚁的家，只能用炸药把它打开；竹节虫能长到猫咪那么长；有些胡蜂会把卵产到小泥罐里……

快来认识身体最小的柄翅卵蜂、蹦得高高的跳蚤和能捕食小鸟的虫子，发现昆虫世界的奥秘！

注意这个图标，它表明这一页上有一个好玩的小游戏，快来一试身手！

真的还是假的？看到这个图标，说明要做判断题喽！记得先回答，再看答案。

别忘了读一读页边上的昆虫小百科！

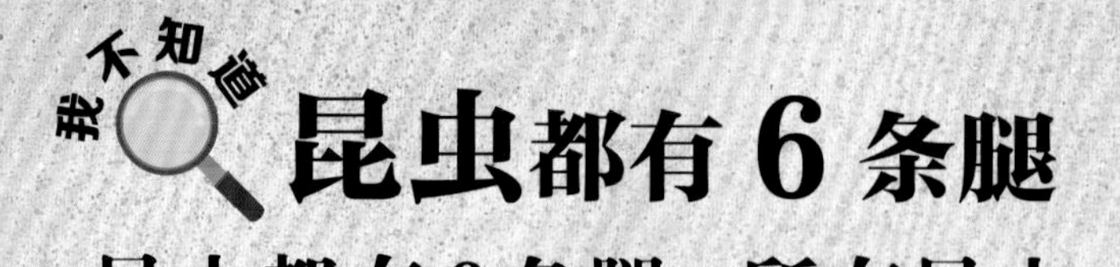

昆虫都有 6 条腿

昆虫都有 6 条腿。所有昆虫，比如甲虫、蚂蚁等，都有 3 对足。识别昆虫的一个好办法就是数一数它们有多少条腿。潮虫、蜘蛛、螨虫和蜈蚣都不是昆虫——因为它们的腿太多啦！

巨大花潜金龟

昆虫的身体分为 3 个部分：头部、胸部和腹部。昆虫坚硬的外壳不但能防水，还能保护它们柔软的内脏。

潮虫

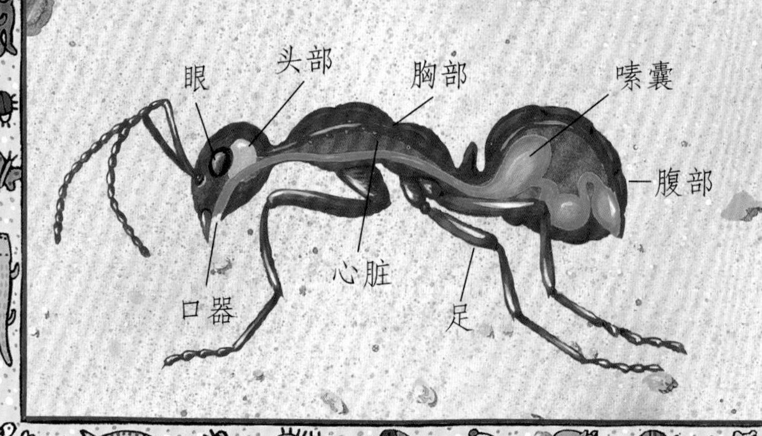

 最早的昆虫出现在 3.7 亿年前，历史甚至比恐龙还要久远！

坏消息：世界上约有28万种胡蜂、蜜蜂和蚂蚁。

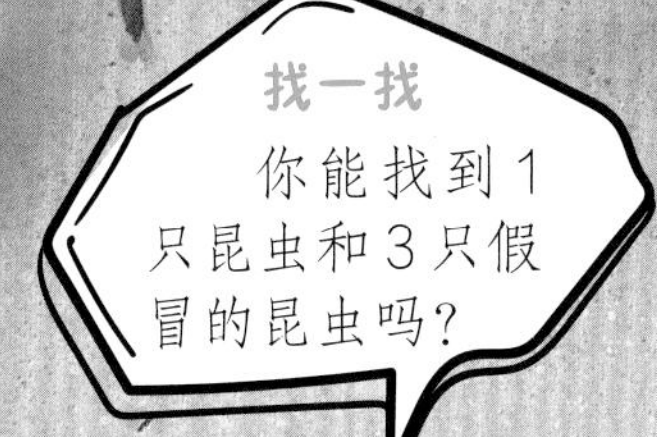

研究昆虫的科学家叫作昆虫学家。他们研究昆虫的活动场所、生活习性以及如何保护昆虫。

蜈蚣

食鸟蛛

世界上有100多万种昆虫，数量超过其他动物种类的总和！另外，昆虫学家每年都会发现8000多种此前未知的昆虫。

我不知道 甲虫也会飞

必要的时候，瓢虫以及许多甲虫都能飞。它们打开背上的鞘翅，展开柔软的后翅，然后起飞！

真的还是假的?

苍蝇只有一对翅膀。

答案：真的。长有一对翅膀的蝇类属于双翅目，例如家蝇。蜻蜓和蝼蛄有两对翅膀，所以不属于双翅目。甲虫有一对翅膀，但是它们的鞘翅要算作第二对翅膀，所以甲虫也不属于双翅目。

在热带暴雨中飞行的昆虫并不会被雨点砸到。雨滴下落时产生的微气流将昆虫吹到一旁，所以昆虫能在雨滴间穿行。

蝴蝶的翅膀上布满了鳞片，就像一排排整齐排列的房屋瓦片。每一片鳞片就像一粒微小的灰尘。

有些蝇类每秒能振动1000次翅膀——苍蝇的嗡嗡声就是这样产生的。

我不知道 毛虫是蝴蝶宝宝

与许多昆虫一样，蝴蝶在生长过程中，形态会完全改变——从卵变成毛虫，再变成蛹，最终变成蝴蝶。这种发育过程叫作“变态发育”。变态发育又分为完全变态发育和不完全变态发育。

作家弗兰茨·卡夫卡写过一本书，名为《变形记》。书中讲了一个人变成巨型昆虫的故事。

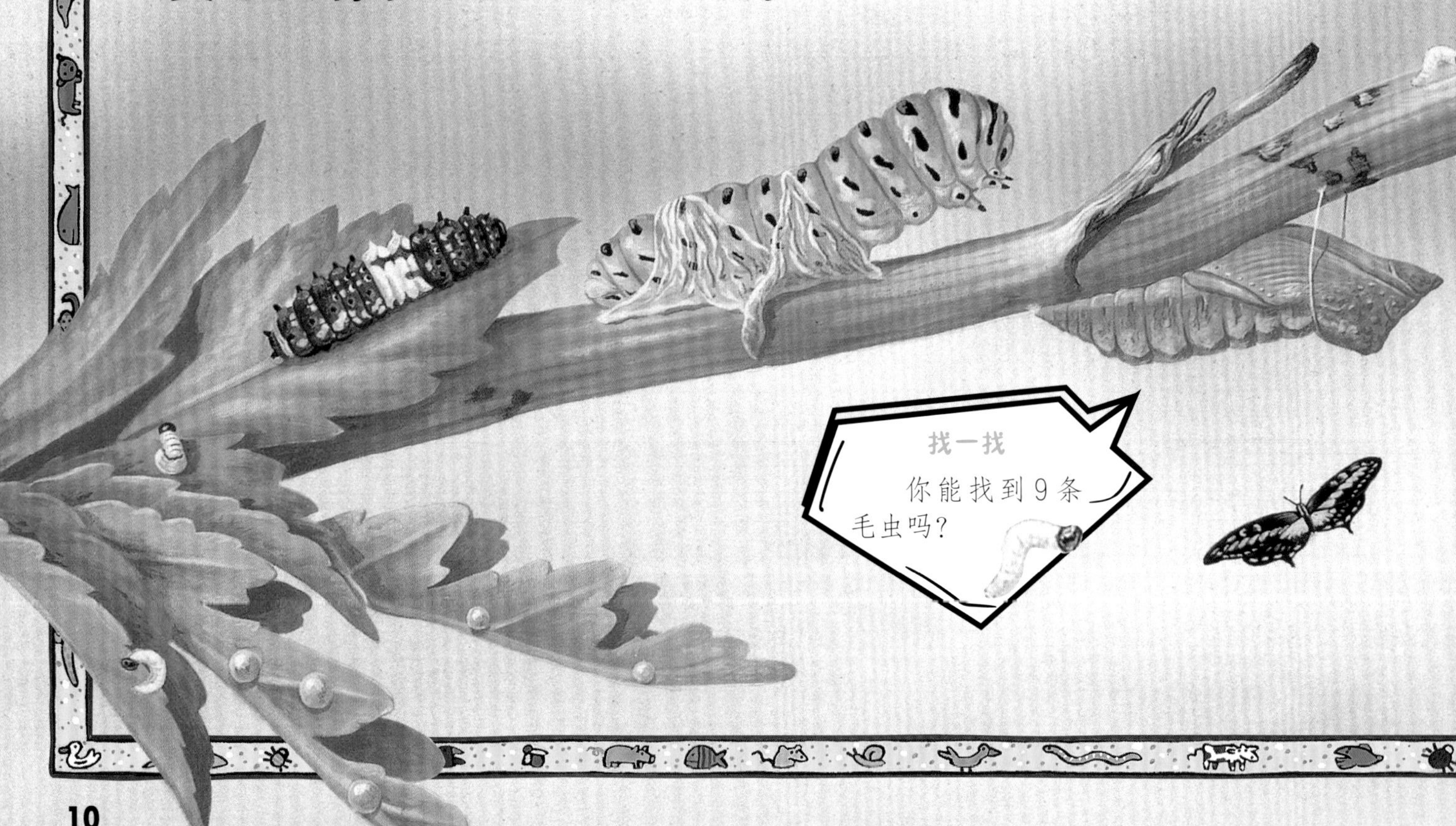

找一找

你能找到9条毛虫吗?

有些昆虫发育时为不完全变态发育。椿象宝宝刚孵出时就和爸爸妈妈长得很像。随着体形渐渐变大，它们最后长出翅膀。

蜉蝣一生中大部分时间都是无翅的幼虫。一旦变为成虫，它们便只能存活一天左右。

一些毛虫长大后会变成飞蛾，而不是蝴蝶。

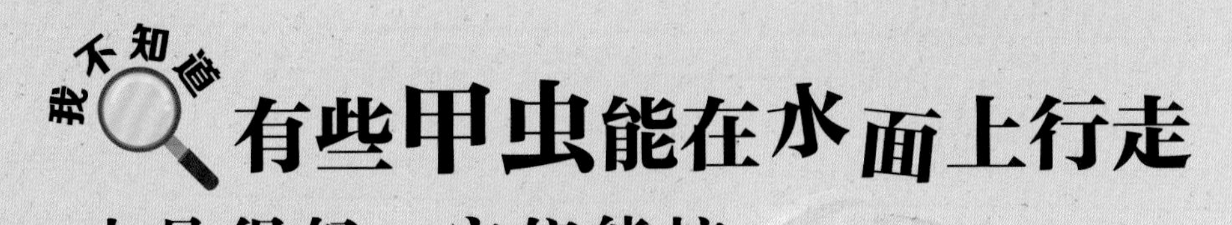

有些甲虫能在水面上行走

水黾很轻，它们能掠过池塘水面，而不沉入水中。它们细细的腿上长着密密的刚毛，能帮它们浮在水面上。

水黾

水蚤

蝌蚪

蜻蜓的幼虫（稚虫）生活在水里，叫作水虿。它们会捕食比自己大的小鱼和蝌蚪。

 划蝽仰浮在水面上，划水前进。

真的还是假的？

池塘中的龙虱能直接在水下呼吸。

答案：假的。龙虱在水下无法直接呼吸。它会游到水面上收集气泡，供水下游动时呼吸。

在古希腊和古罗马时代，人们认为美丽的自然女神都生活在河流和溪流之中，并将她们称作“水中仙女”。

只有炸药才能炸开坚硬的白蚁丘。

我不知道

白蚁丘自带“空调系统”

白蚁建造出高高的泥塔，里面住着几百万只白蚁。每座泥塔顶端都有通气孔，可以排出热空气，使蚁穴保持凉爽。

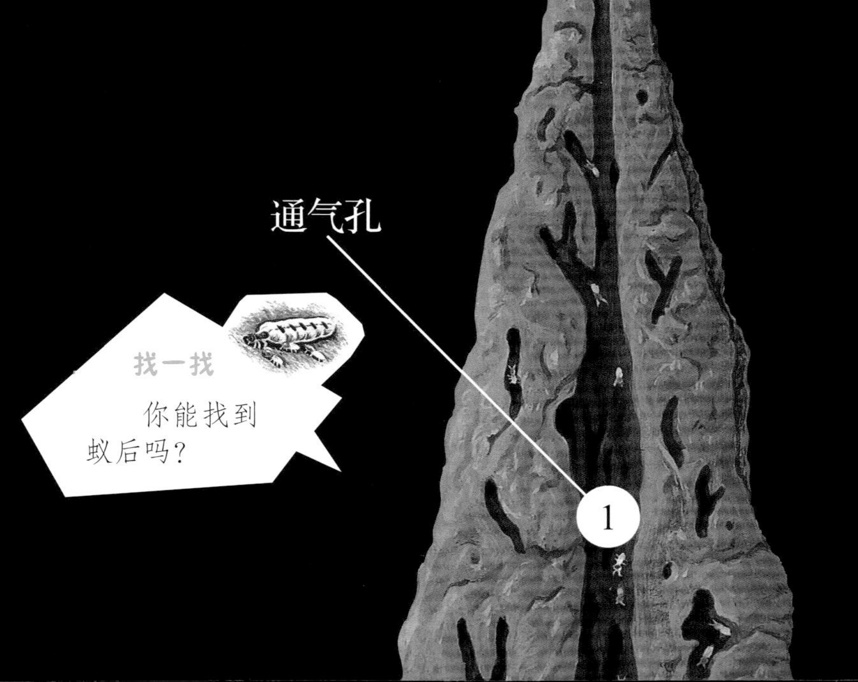

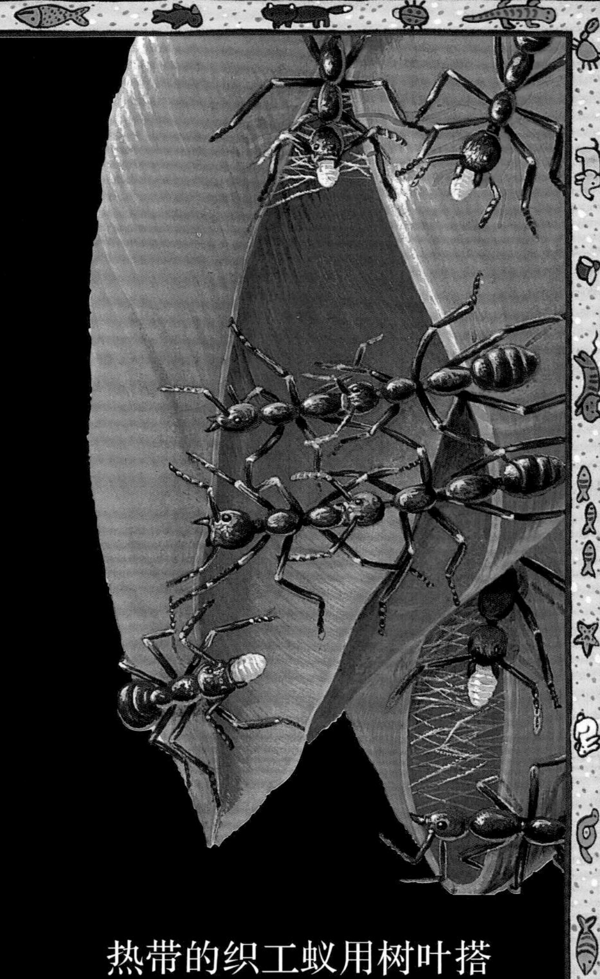

热带的织工蚁用树叶搭建巢穴。一些工蚁拉着叶子保持不动，其他工蚁把幼蚁叼过来，幼蚁吐出带有黏性的丝，工蚁用这种丝把叶子边缘“缝合”到一起。

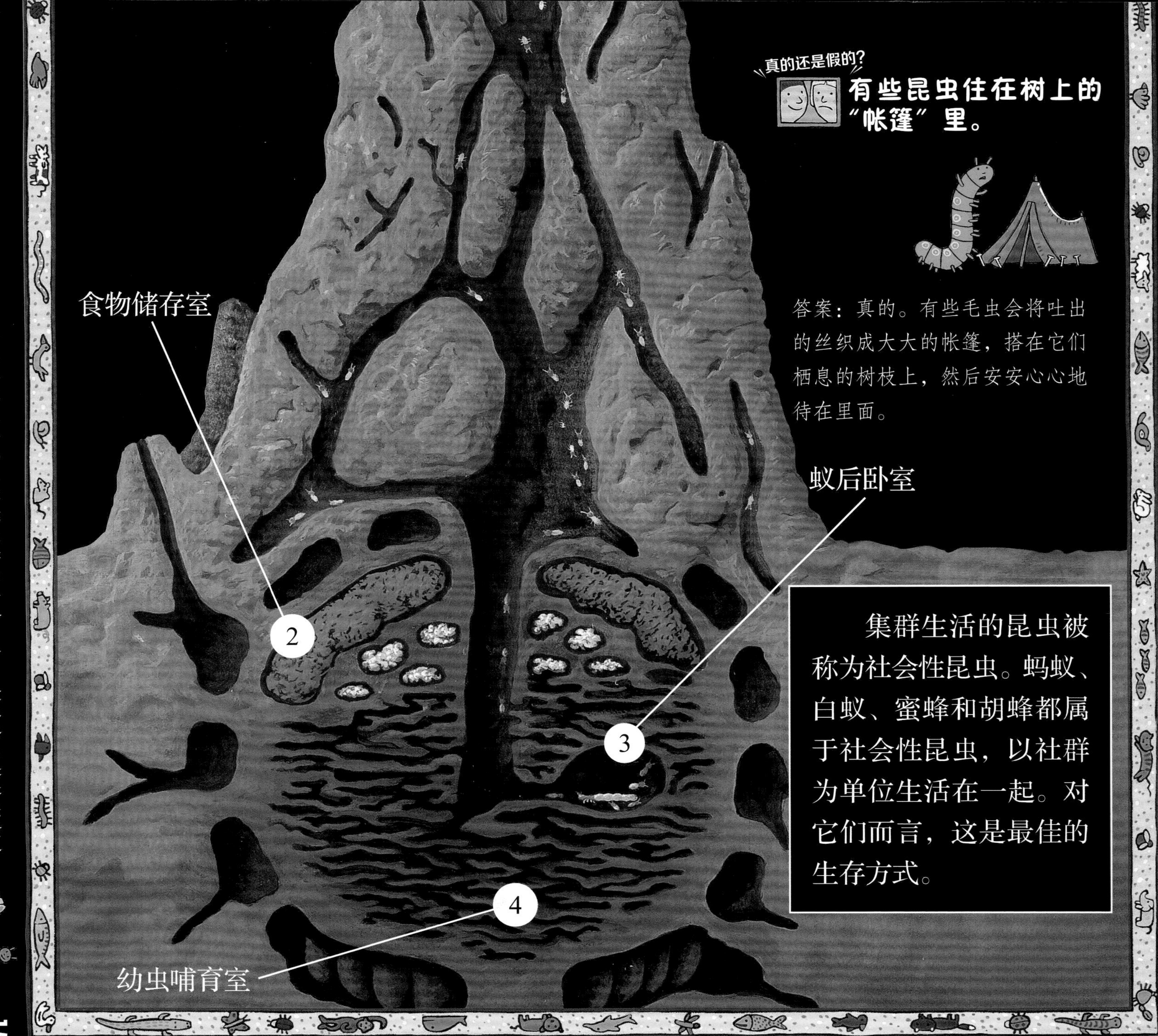

集群生活的昆虫被称为社会性昆虫。蚂蚁、白蚁、蜜蜂和胡蜂都属于社会性昆虫，以社群为单位生活在一起。对它们而言，这是最佳的生存方式。

真的还是假的？

有些昆虫住在树上的“帐篷”里。

答案：真的。有些毛虫会将吐出的丝织成大大的帐篷，搭在它们栖息的树枝上，然后安安心心地待在里面。

白蚁将沙子和自己的排泄物混合在一起，制造出天然的混凝土。

在古埃及，人们认为蜣螂（圣甲虫）是太阳神的化身，是它每天推动太阳滚过天空。

我不知道 有的胡蜂会“陶艺”

雌性蜾蠃会建造很小的泥罐形蜂巢，在每个巢中产一粒卵。封口之前，雌蜂会塞进一只甲虫等的幼虫——供幼蜂孵出后享用。

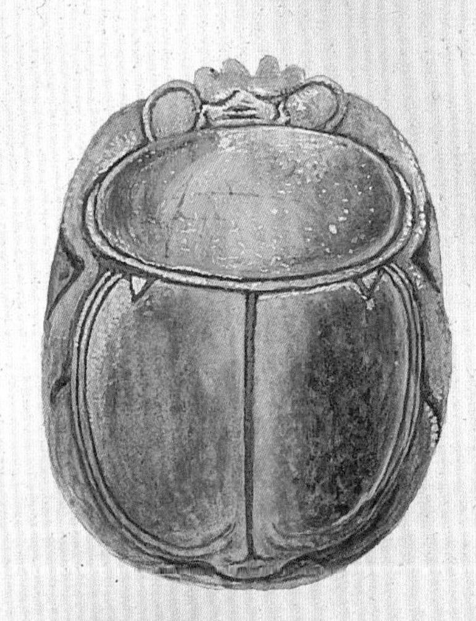

古埃及时期的蜣螂胸针

多数昆虫不筑巢，它们只是把卵产在食物的旁边。

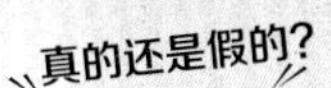

真的还是假的？

昆虫不是称职的父母，它们从不照顾自己的后代。

答案：假的。雌性大红斑葬甲会一直保护和清洁自己的卵。在幼虫孵出后的两周内，它们仍会照顾幼虫进食。

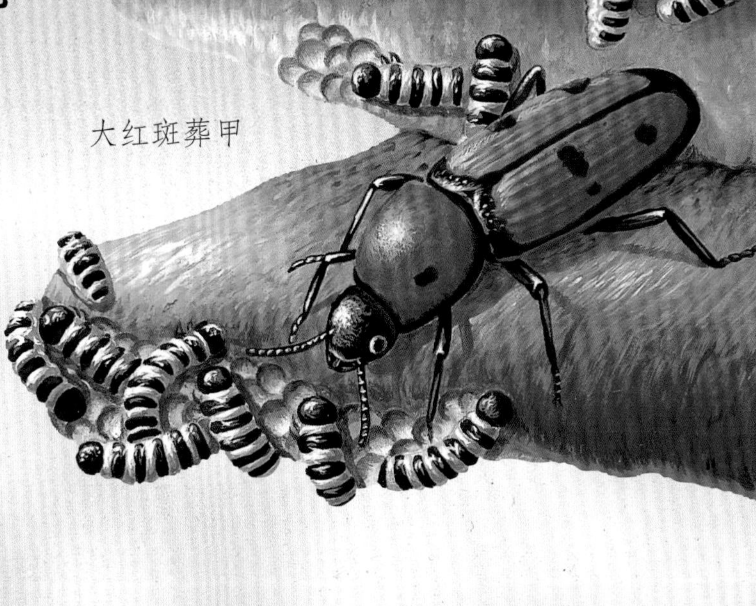

大红斑葬甲

你也可以制作一个蜂巢形陶罐。将湿润的陶土搓成泥条，弯成圈后叠成罐子的形状（可以试一试上图里的造型），别忘了在顶端做一个罐口哟。将罐子表面抹平后，放到一边晾干就可以了。

蜣螂把卵产在粪球中——粪球是蜣螂幼虫最喜欢的食物。蜣螂将地面上的粪便滚成一个个粪球。

蚂蚁是干“农活”的能手

好比农夫饲养奶牛，有些蚂蚁也饲养蚜虫。它们一边保护蚜虫不受天敌袭击，一边获得蚜虫体内挤出的“奶”——蜜露，作为食物回报。

想要研究飞蛾的话，你可以在晚上打开窗户，然后打开灯，在灯下放一碟糖水，飞蛾就会被吸引过来啦！

找一找

你能找到这只熊蜂吗？

蝴蝶用长长的口器吸食花蜜。不进食的时候，它们会把口器卷起来收好。

真的还是假的？

蜜蜂能用腿品尝食物。

答案：真的。蜜蜂既用口也用腿品尝食物。一落到食物表面上，它们便能品尝食物了。家蝇也有这个本领。

蟑螂什么都吃，肉、面包、水果……甚至连纸板都不放过。

我不知道

有些昆虫会捕食蜥蜴

螳螂是凶悍的猎手，如果被它镰刀状的前肢夹住，猎物根本无法逃脱。大多数螳螂以其他昆虫为食，不过也有些螳螂还会捕食蜥蜴和青蛙。

雌螳螂很危险，它们甚至会吃掉自己的伴侣。

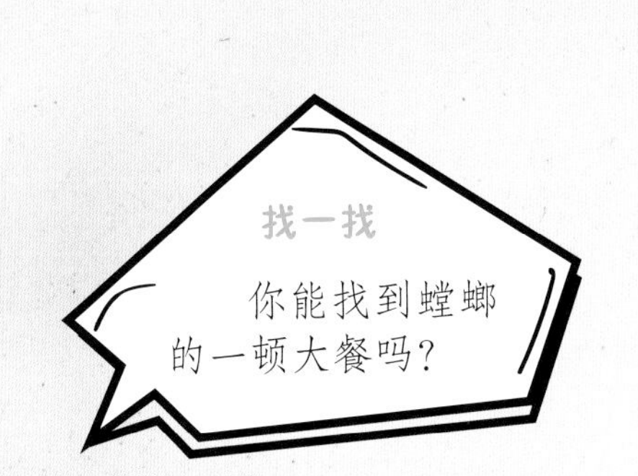

有些热带飞蛾专门吸食马或鹿的咸咸的眼泪。飞蛾在这些动物的眼睛周围飞来飞去，刺激它们流泪！

不是所有蚊子都吸血——只有雌蚊子才吸血，因为产卵需要血液。雄蚊子主要吸食花蜜。

猎蝽捕获美味的猎物之后，会向猎物体内注射毒液。等到猎物的身体化成汁液，猎蝽就把汁液吸干。

竹节虫从一株植物爬到另一株植物上，身体的颜色也会随之变化。

我不知道 有些“叶子”其实是昆虫

叶子虫长得很像它们爱吃的树叶。它们能与背景融为一体，很难被天敌发现。这就叫伪装。

很多动物喜欢吃毛虫。不过，天蛾幼虫有聪明的办法吓走敌人——它们可以伪装成饥饿的蛇！

这些蜂兰根本不是昆虫，而是模仿昆虫的植物。它们的样子很像雌蜂，能够吸引雄蜂前来为它们授粉。

伪装不仅是为了保护自己。这只粉色花螳螂巧妙地藏身于兰花之中，是为了更好地伏击猎物。

趴在细枝上的角蝉很像尖锐的树刺。即便被捉住，它们也往往因身体太尖锐而无法被咽下！

很多昆虫都是绿色的，与它们喜欢的树叶颜色相近。

有些昆虫很臭

椿象是昆虫界的黄鼠狼。椿象受到惊吓时，后足间的臭腺会释放出难闻的气味，熏走敌人，效果立竿见影呢！

舞毒蛾幼虫

舞毒蛾幼虫逃生的方法是吐出丝来，顺着丝垂到树枝下，并随风飘荡而去。

找一找

你能找到5只小椿象吗？

沙螽属于大型昆虫。它们的长腿上长着许多刺。如果被鸟儿捉住，沙螽会奋力向后蹬，鸟儿一愣神儿，它们说不定就能脱身呢！

沙螽

射炮步甲向敌人喷出炽热的化学液体，这种液体有很强的刺激性！

射炮步甲

尖叫甲虫会大声地叫，能把敌人吓一跳！

两只蚂蚁相遇时，常常互相碰一碰触角，表示问候。

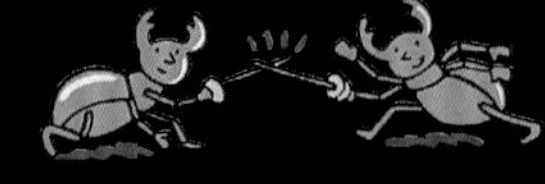

昆虫的触角并不只有触觉的作用，还是昆虫感知空气中气味的嗅觉器官——当然，也是味觉和听觉器官。

红螨不是昆虫，它有8条腿。

蚂蚁发现食物后，会沿途留下浓烈的气味。其他蚂蚁随后循着气味赶过来，一起分享丰盛的大餐。

你很难用肉眼观察到柄翅卵蜂，因为它们只有针尖那么大。

我不知道 竹节虫是世界上最大的昆虫之一

印度尼西亚大竹节虫身长30多厘米。由于体形太大，它们的行动非常缓慢。

雄蝉是昆虫世界里的大嗓门，近1000米之处的雌蝉都能听见它们的嘶鸣。

找一找

你能找到10只柄翅卵蜂吗？

跳蚤能跳到自己身长130倍的高空中，真是不可思议！

600多年前，鼠蚤是世界上最可怕的昆虫。它们传播的一种可怕的疾病——黑死病，夺去了几亿人的生命。

亚历山大女皇鸟翼凤蝶展开翅膀，翼展可达28厘米。怪不得这种蝴蝶常常被错认为鸟类。

知 识 点

变态发育

昆虫从幼虫变为成虫的过程。许多昆虫从幼虫变为蛹，最后再变为成虫。

腹部

昆虫的身体分为头、胸、腹三部分。腹部是最后一个部分。

花蜜

花朵里面的香甜汁液，常常引来昆虫和其他动物。

甲虫

昆虫中的一个类别，长着鞘翅，多数会飞。

毛虫

某些鳞翅目昆虫的幼虫，也叫毛毛虫。

鞘翅

不能用于飞行的角质外翅。

伪装

昆虫利用身上的颜色或花纹，融入周围环境，不易被捕食者发现。

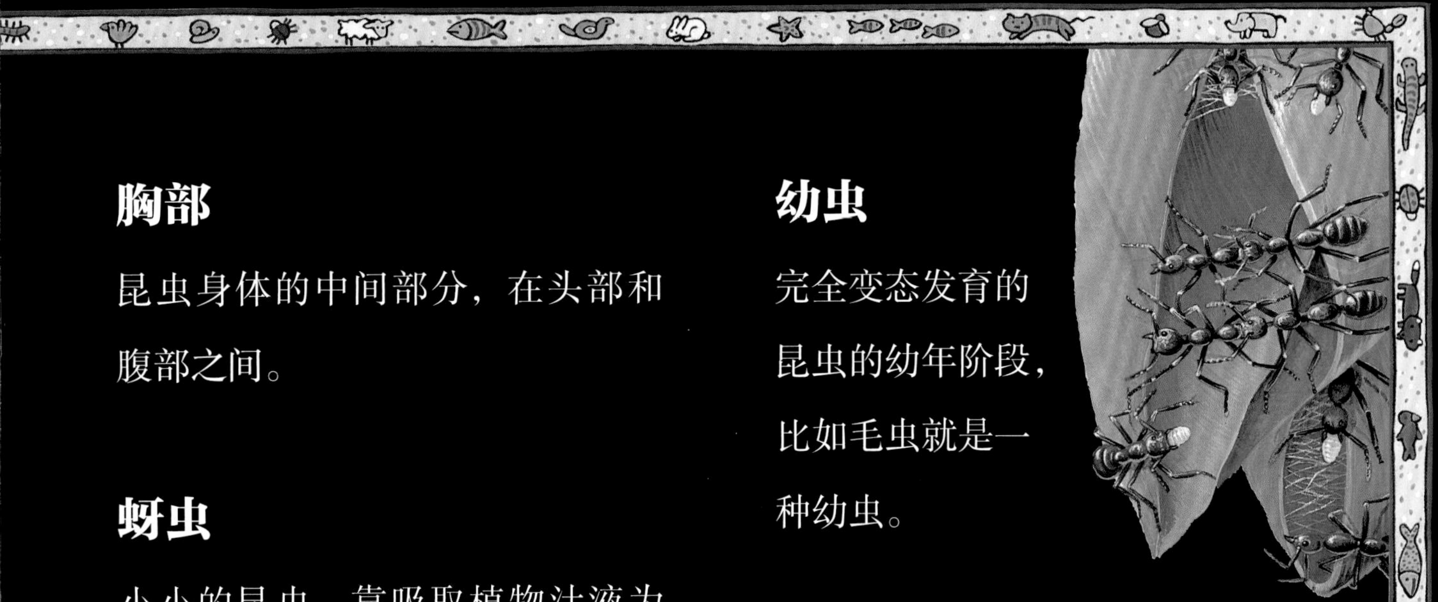

胸部

昆虫身体的中间部分，在头部和腹部之间。

蚜虫

小小的昆虫，靠吸取植物汁液为生，比如青蚜。

蚁后

白蚁和蚂蚁的巢穴中唯一能产卵的雌性。

蛹

昆虫的一个生命阶段。这个阶段的昆虫会在坚固的保护壳中发育。

幼虫

完全变态发育的昆虫的幼年阶段，比如毛虫就是一种幼虫。

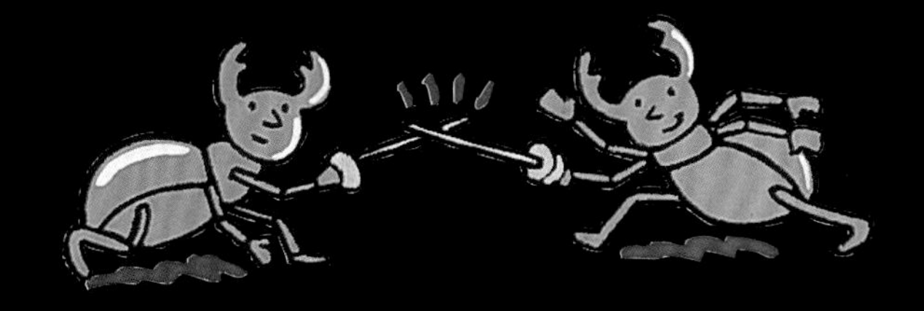

我不知道鳄鱼妈妈会“吃”宝宝

\太酷啦！动物的秘密如此多/

我不知道鳄鱼妈妈会"吃"宝宝

[英] 凯特·贝蒂◎著
[英] 詹姆斯·菲尔德◎绘
钟莹倩◎译

CNS 湖南少年儿童出版社 HUNAN JUVENILE & CHILDREN'S PUBLISHING HOUSE 小博集 BOOKY KIDS
·长沙·

著作权合同登记号：图字 18-2023-259

图书在版编目（CIP）数据

太酷啦！动物的秘密如此多．我不知道鳄鱼妈妈会“吃”宝宝 /（英）凯特·贝蒂著；（英）詹姆斯·菲尔德绘；钟莹倩译．-- 长沙：湖南少年儿童出版社，2024.2
ISBN 978-7-5562-7455-0

Ⅰ．①太… Ⅱ．①凯… ②詹… ③钟… Ⅲ．①动物－儿童读物 Ⅳ．① Q95-49

中国国家版本馆 CIP 数据核字 (2024) 第 013224 号

TAI KU LA! DONGWU DE MIMI RUCI DUO WO BU ZHIDAO EYU MAMA HUI “CHI” BAOBAO
太酷啦！动物的秘密如此多 我不知道鳄鱼妈妈会“吃”宝宝

[英] 凯特·贝蒂◎著 [英] 詹姆斯·菲尔德◎绘 钟莹倩◎译

监　　制：齐小苗
责任编辑：张　新　蔡甜甜
策划编辑：盖　野　徐耀华
营销编辑：刘子嘉
策　　划：童立方·小行星
封面设计：马俊嬴
版式设计：马俊嬴
排　　版：马俊嬴

出 版 人：刘星保
出　　版：湖南少年儿童出版社
地　　址：湖南省长沙市晚报大道 89 号
邮　　编：410016
电　　话：0731-82196320
常年法律顾问：湖南崇民律师事务所 柳成柱律师
经　　销：新华书店
开　　本：889 mm×995 mm 1/16
印　　刷：北京尚唐印刷包装有限公司
字　　数：18 千字
印　　张：2
版　　次：2024 年 2 月第 1 版
印　　次：2024 年 2 月第 1 次印刷
书　　号：ISBN 978-7-5562-7455-0
定　　价：198.00 元（全 12 册）

若有质量问题，请致电质量监督电话：010-59096394　团购电话：010-59320018

你知道吗？爬行动物从来没有停止过生长，有些鳄鱼会吃人，还有些鳄鱼像绵羊和奶牛一样生活在农场里……

快来认识各种鳄鱼，了解它们之间的差异，它们生活在哪儿、吃些什么、如何繁育宝宝，一起走进神奇的鳄鱼世界吧！

注意这个图标，它表明这一页上有一个好玩的小游戏，快来一试身手！

真的还是假的？看到这个图标，说明要做判断题喽！记得先回答，再看答案。

别忘了读一读页边上的鳄鱼小百科！

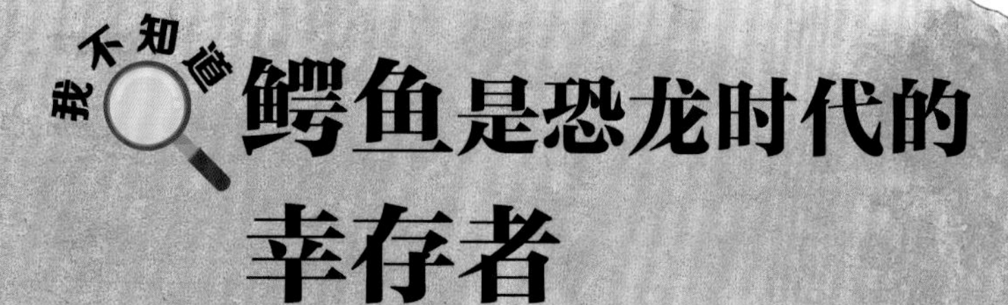

鳄鱼是恐龙时代的幸存者

找一找

你能找到这只大恐龙吗？

与恐龙时代的鳄鱼相比，如今的鳄鱼在外形上没有太大变化。6500 万年前，爬行动物并没有完全灭绝，鳄鱼就是幸存下来的物种之一。

帝鳄

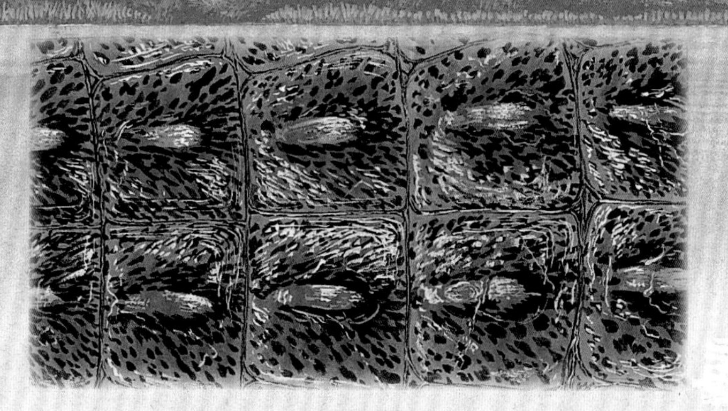

鳄鱼的表皮上覆盖着一层盔甲般的角质鳞片，叫作“鳞甲”。表皮下面还有骨板，为鳄鱼提供保护。

普通鳄鱼是鳄目动物，它和长吻鳄、短吻鳄和凯门鳄是表亲。而中国特有的扬子鳄也是一种短吻鳄。

有些史前鳄鱼体形庞大，身体长达12米。它们可能会捕杀其他爬行动物，如小型恐龙。

有些早期的史前鳄鱼和蜥蜴一样小。

据说，古埃及鳄鱼城（法尤姆）里住着鳄鱼神。

大多数短吻鳄（除中国的扬子鳄外）都分布在北美洲和南美洲。和普通鳄鱼相比，它们的嘴巴比较粗短。

美洲短吻鳄

我不知道

可以通过牙齿来辨别短吻鳄和普通鳄鱼

当短吻鳄合上嘴巴时，会露出上颌的牙齿，而普通鳄鱼只会露出下颌的几颗牙齿。

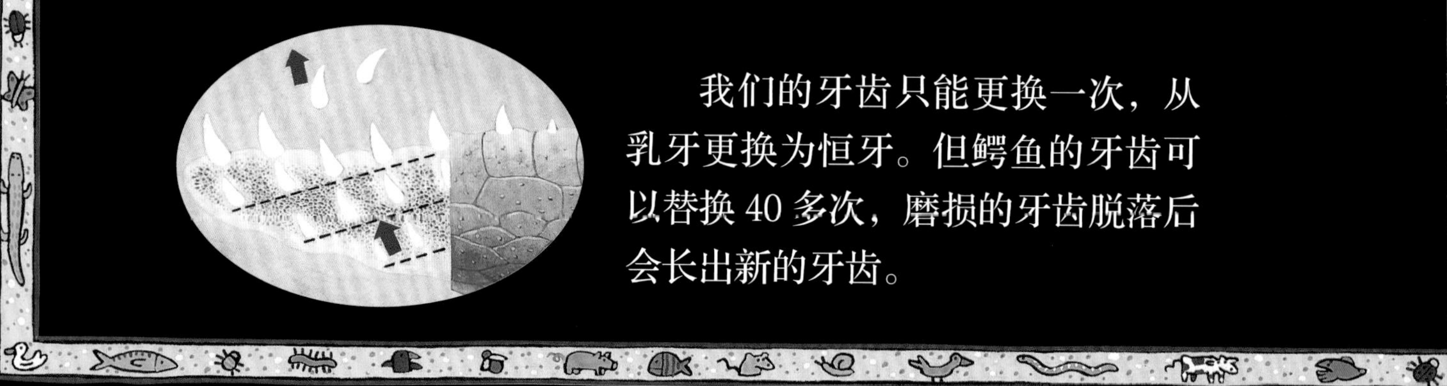

我们的牙齿只能更换一次，从乳牙更换为恒牙。但鳄鱼的牙齿可以替换 40 多次，磨损的牙齿脱落后会长出新的牙齿。

真的还是假的？

普通鳄鱼和短吻鳄从来没有见过面。

答案：假的。在美国，普通鳄鱼的数量较少，短吻鳄的数量较多，不过它们在佛罗里达州的沼泽地里都有分布。

鳄鱼主要分布在热带及亚热带地区，如美国佛罗里达州。它们大多生活在内陆水域。

短吻鳄英文名为alligator，源于西班牙语el lagarto，意为蜥蜴。

埃及鸻也叫牙签鸟，它能安全地待在尼罗鳄的嘴巴里，帮其挑出牙缝里的寄生虫和水蛭。

我不知道 鳄鱼用打哈欠来降温

鳄鱼是冷血动物。它们通过晒太阳使体温升高，游到水中使身体变凉爽。它们嘴里薄薄的皮肤可以帮身体散发热量，防止体温过高。

爬行动物在它们的一生中都在不停地生长。年幼的鳄鱼每年长30厘米。想象一下，如果这种情况发生在你身上，会怎样呢？

来自东南亚的湾鳄体形庞大，是世界上现存最大的爬行动物。这个记录的保持者是一条长8米、重达2吨的湾鳄。世界上最小的鳄鱼是非洲侏儒鳄，体长只有1米左右。

在电影《彼得·潘》中，有一条鳄鱼吞下了一个时钟。

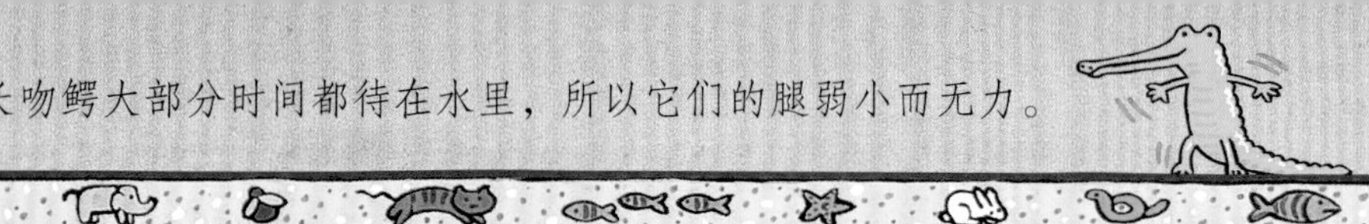

我不知道 鳄鱼会伪装成浮木

鳄鱼潜伏在水中，一动不动。它们的眼睛和鼻孔长在头顶上方，在静静地等待猎物经过时，它们可以呼吸和观察四周的动静。

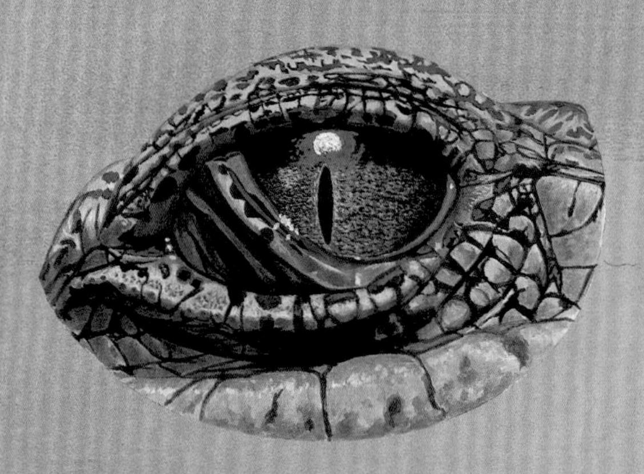

有些鳄鱼能在水下待一个小时。潜入水中时，它们的鼻孔、喉咙和耳朵里的特殊瓣膜会自动关闭，眼睛上则会覆盖一层特别的透明瞬膜，从而得到保护。

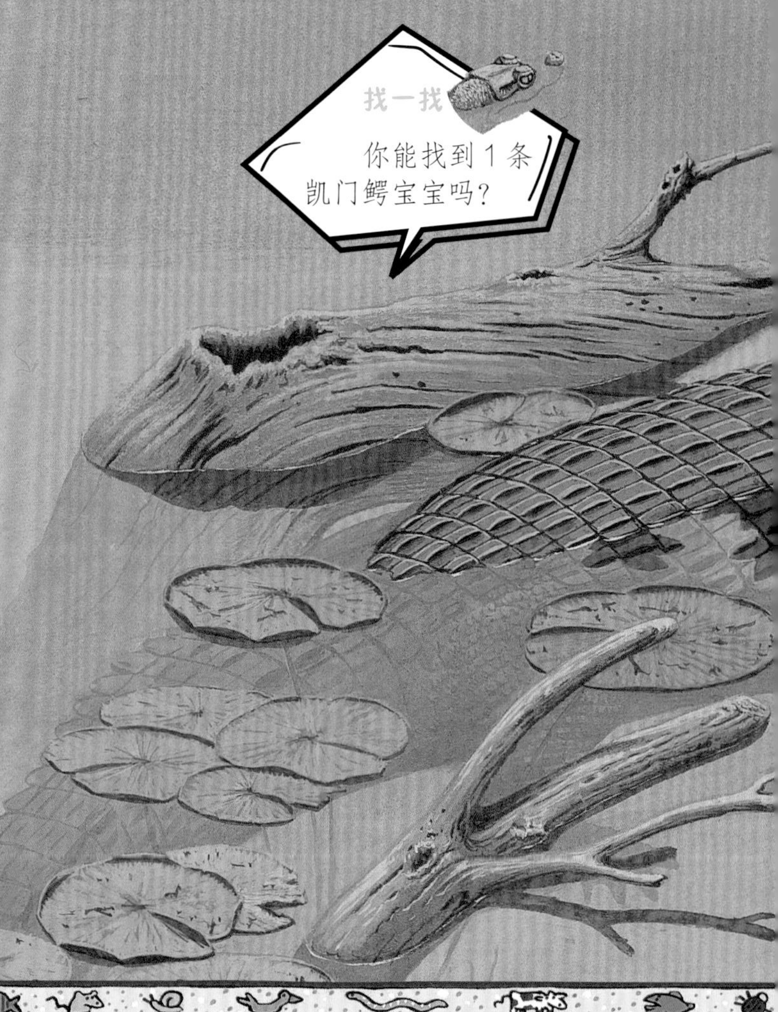

鳄鱼的后脚是蹼状的，像青蛙的脚一样。如果情况紧急，蹼可以让鳄鱼在水中快速行动和转向。

像澳洲淡水鳄（右图）一样，捕食鱼类的鳄鱼通常有着细长的吻部和流线型的身材，这让它们成为天生的捕鱼能手。

凯门鳄会成为绿森蚺的捕食对象。

我不知道 短吻鳄会从水中跃起

如果食物在高处，短吻鳄可以一跃而起，扑向空中。体形较小的鳄鱼甚至会爬到树上捕食昆虫和蜗牛。它们通过奔跑或游泳的方式快速移动，对猎物发起致命的突袭。

长吻鳄轻轻摇动脑袋，便能立刻咬住几条鱼，锐利的牙齿让鱼儿难以逃脱。

真的还是假的？

有些鳄鱼是食人鳄。

答案：真的。印度的沼泽鳄被称为食人鳄。它会攻击河边洗衣服的女人和玩耍的孩子。

我不知道

有些鳄鱼一年只吃两顿饭

鳄鱼会突然发动袭击，将猎物拖入水中。如果捕获到一头大型动物，鳄鱼会立刻吃掉它，然后花很长时间消化这顿美餐。

人们在鳄鱼的胃里发现了石头。鳄鱼吞下石头帮助自己磨碎食物。

鳄鱼的牙齿只能“夹住”猎物，不能咀嚼。它将猎物撕咬成肉块，然后整个吞下。

鳄鱼和猎物之间的斗争好比一场拔河比赛。

尼罗鳄在进食时会互相帮忙，一个咬住猎物不动，另一个撕咬猎物。年幼的尼罗鳄会一起合作捕猎。

我不知道 鳄鱼会吹泡泡

雄性尼罗鳄有时会低头潜入水中，用鼻孔吹泡泡来驱赶其他雄鳄。它也会发出咆哮声，摆动着尾巴，以威胁入侵者。

在交配的季节，雄鳄的行为真奇怪！它们互相争斗决定谁才是最强者。雄性美洲鳄（下图）用双颌击打水面，溅起水花，警告其他雄鳄离开它的领地。

鳄鱼可以靠气味相互交流。

求爱中的鳄鱼“情侣”互相做出炫耀行为，它们会摩擦头部，或张着嘴巴躺在一起。右图中的雌性湾鳄把头露出水面，表明它想交配。

雄性长吻鳄的鼻端有一个球状突起，形状像一个圆壶。这个“鼻球”相当于扩音器，能放大它求偶的叫声。

我不知道 鳄鱼蛋会吱吱叫

当鳄鱼幼崽准备出壳时，它们会发出音调很高的叫声，告诉妈妈自己要出来了。这时，鳄鱼妈妈会扒掉蛋上用来保温的覆盖物。

当鳄鱼宝宝快要破壳时，鼻子上会长出一个尖尖的突起，叫作破卵齿。这样，蜷曲在蛋里的鳄鱼宝宝就可以打破坚硬的蛋壳出来啦。

刚孵化出来的湾鳄宝宝

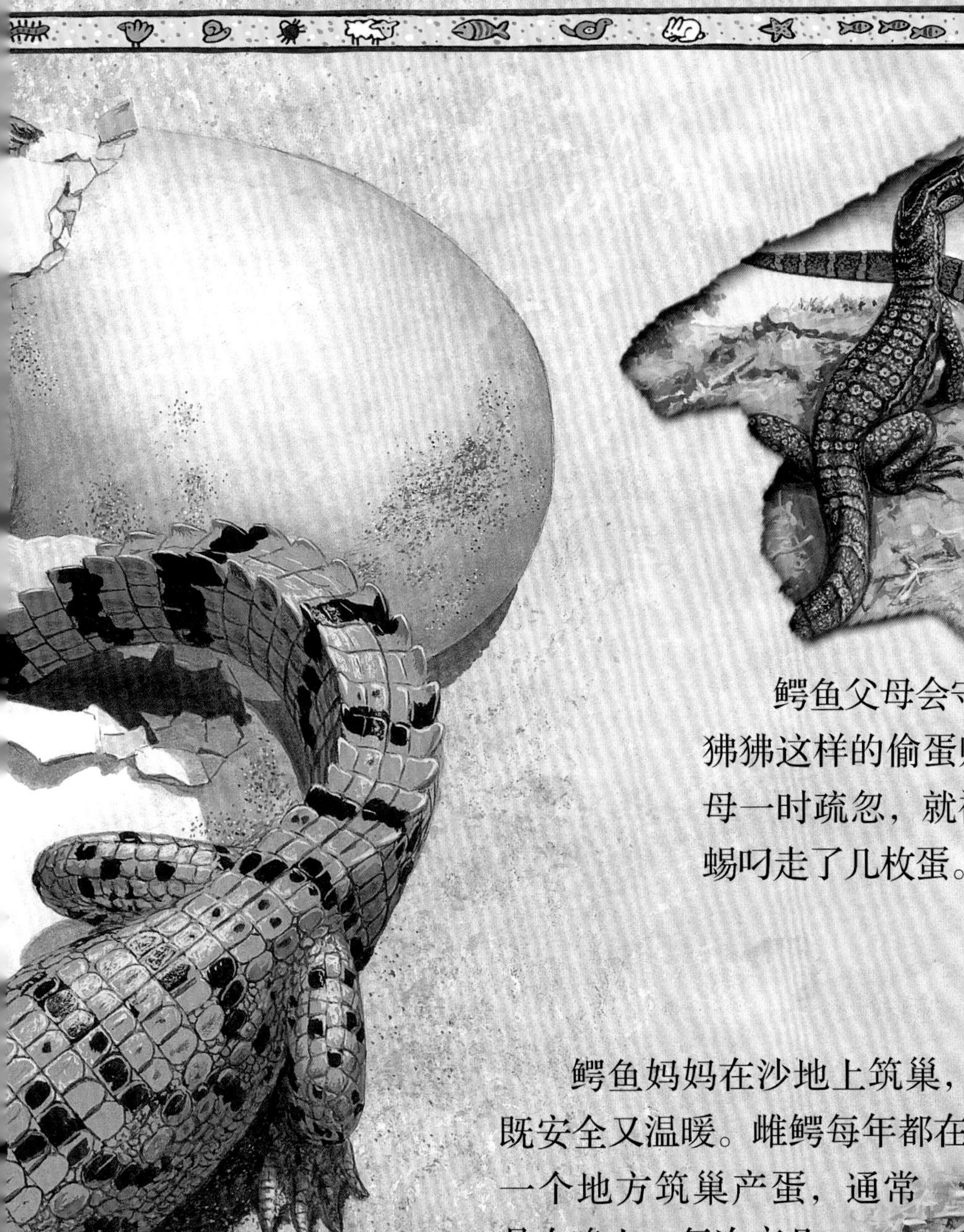

鳄鱼父母会守护巢穴，提防鸟类、狒狒这样的偷蛋贼。上图中的鳄鱼父母一时疏忽，就被 2 只偷偷摸摸的蜥蜴叼走了几枚蛋。

鳄鱼妈妈在沙地上筑巢，蛋在沙子里既安全又温暖。雌鳄每年都在同一个地方筑巢产蛋，通常是在晚上，每次产几枚，然后把蛋埋起来。

我不知道 鳄鱼妈妈会把鳄鱼宝宝含在嘴里

鳄鱼妈妈的嘴里有一个“育儿袋”。鳄鱼宝宝孵化出来之后，鳄鱼妈妈会把它们一个一个含进嘴里，然后小心地带入水中。

找一找

你能找到这只翠鸟吗？

鳄鱼父母在水边的“保育室”里照看鳄鱼宝宝。鳄鱼宝宝能够自己捕捉小鱼和螃蟹，鳄鱼父母则在一旁看着它们。

鳄鱼宝宝还不能照顾自己。这只年幼的鳄鱼正趴在妈妈的背上“搭顺风车”(下图)。

我不知道 有些鳄鱼能在海里游泳

来自东南亚地区和澳大利亚的湾鳄（也叫咸水鳄）是鳄鱼中的巨无霸，也是唯一能在海里游泳的鳄鱼。它们一般生活在沿海的河口。

找一找

你能找到5只乌龟吗？

澳大利亚土著的艺术作品中经常会出现鳄鱼的图案。这是因为在他们古老的信仰中，逝者的灵魂将会栖居在鳄鱼身上。

真的还是假的？

鳄鱼只喜欢吃肉。

答案：假的。非洲侏儒鳄数量稀少，生活在沼泽地和缓慢流动的河水中。它们会吃鱼、青蛙和水果！

古埃及水神索贝克就是鳄鱼的模样，右图画出了他的样子。动动手，用黏土制作属于自己的水神索贝克挂件吧。不要忘记打上一个洞，系上一根链子、鞋带、绳子或者丝带。

在佛罗里达州，经常可以看到短吻鳄大摇大摆地过马路。

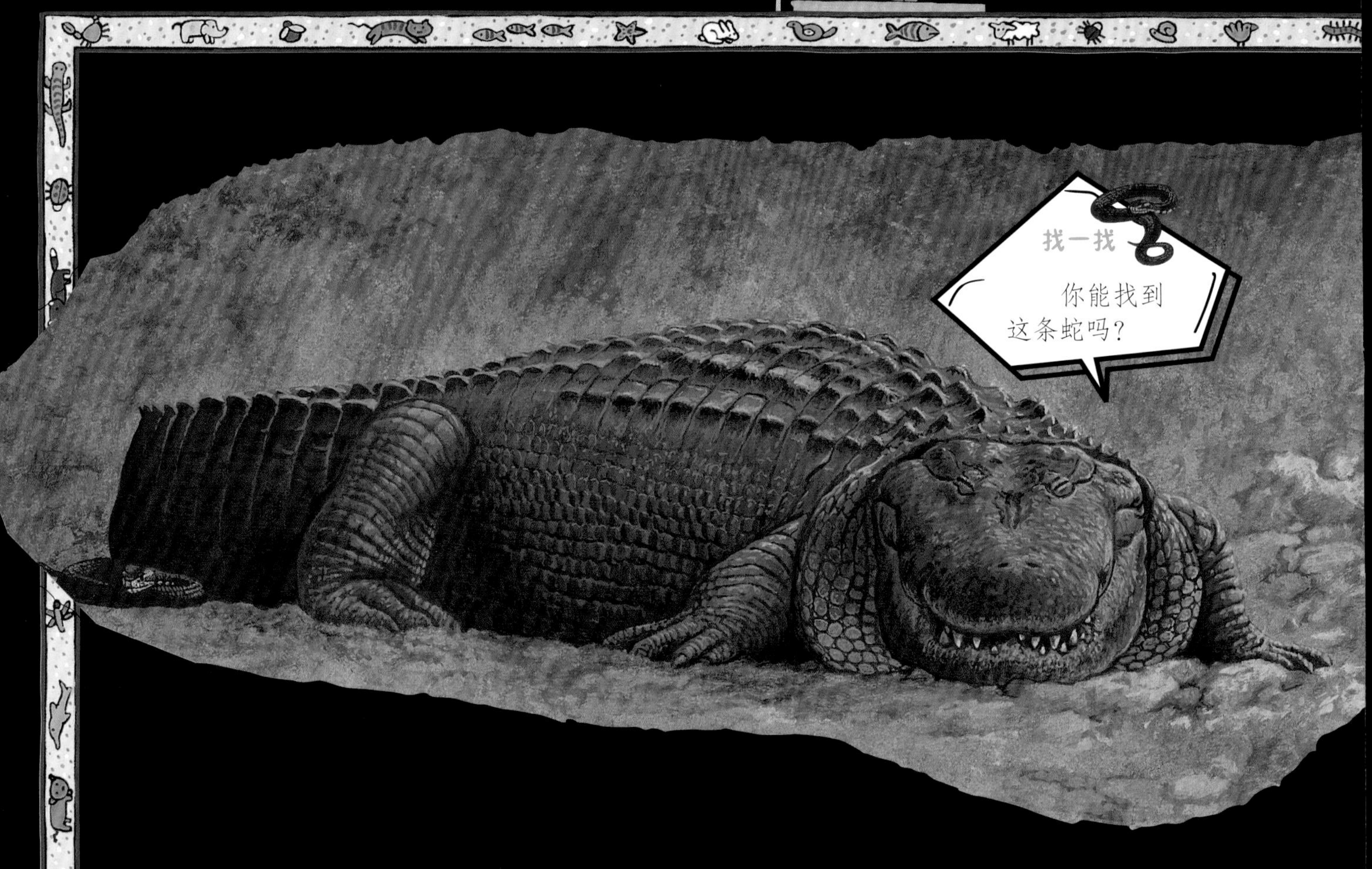

我不知道 有些短吻鳄会冬眠

短吻鳄擅长在地下挖洞、打隧道，用来避暑和过冬。扬子鳄和大部分美洲短吻鳄都会躲进洞穴中冬眠。

目前，在野外生活的扬子鳄数量稀少。虽然扬子鳄受到法律的保护，但它们的皮和肉仍让它们成了偷猎者的目标。

生活在南美洲亚马孙盆地的侏儒凯门鳄是世界上最小的短吻鳄之一。它们的背部和腹部都覆盖着鳞甲。

有报道称，短吻鳄会把下水道当作隧道。

我不知道 有些鳄鱼住在农场里

为了合法售卖鳄鱼皮和鳄鱼肉，农民会人工饲养鳄鱼。农场养殖能降低偷猎的可能性，也让农场成了旅游景点。

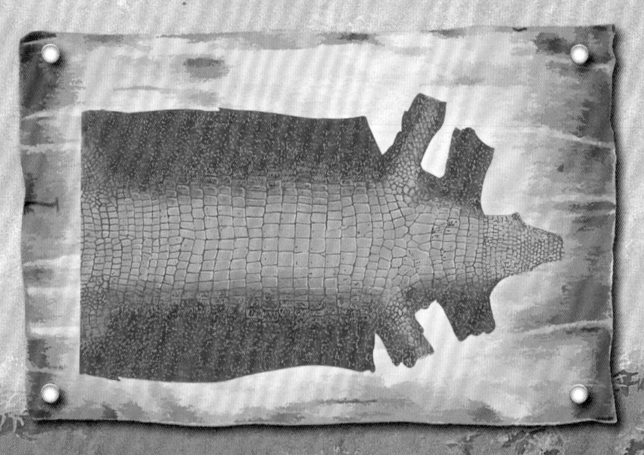

1972年，澳大利亚颁布法令，禁止人们猎杀鳄鱼。据说，在禁令颁布前，澳大利亚共出口了约27万张湾鳄皮和20万～30万张澳洲淡水鳄皮。

科学家在鳄鱼身上安装无线电发射器，以便于研究它们。通过这种仪器，科学家能对鳄鱼的活动进行追踪和观测。

有些人喜欢将宽鼻梁的凯门鳄宝宝当作宠物。它们还是小不点时，看起来非常可爱。可它们一旦长大，那就说不上有趣了。

知识点

冬眠

部分动物通过“睡觉”度过冬天。

鳄目动物

一种古老的爬行动物，包括普通鳄鱼、短吻鳄、凯门鳄、长吻鳄等。

河口

河流注入海洋、湖泊或其他河流的河段。

化石

植物和动物存留在岩石中的遗迹。通过这些遗迹，人们可以追溯某种植物或动物生活在多少万年前。

寄生虫

寄生在别的动物或植物体内或体表的动物，比如跳蚤。

冷血动物

也称变温动物，是从外界获取热量的动物。

领地

动物个体或群体所生活的区域，这里排斥外来入侵者和竞争者。

爬行动物

一种动物分类，蛇、鳄鱼和恐龙都属于爬行动物。

史前

有文字记录以前的历史时期。

偷猎者

狩猎和诱捕受法律保护的动物的人。

消化

动物或人的消化器官把食物变成营养物质的过程。

炫耀行为

动物用来吸引异性关注自己的方式，比如孔雀开屏。

幼崽

刚出生的动物。

我不知道
鲸是
杂技高手

\ 太酷啦！动物的秘密如此多 /

我不知道鲸是杂技高手

［英］凯特·贝蒂◎著
［英］达伦·哈维◎绘
蒋玉红◎译

CJS 湖南少年儿童出版社 HUNAN JUVENILE & CHILDREN'S PUBLISHING HOUSE 小博集 BOOKS KIDS
·长沙·

著作权合同登记号：图字 18-2023-259

图书在版编目（CIP）数据

太酷啦！动物的秘密如此多．我不知道鲸是杂技高手 /（英）凯特·贝蒂著；（英）达伦·哈维绘；蒋玉红译．-- 长沙：湖南少年儿童出版社，2024.2
ISBN 978-7-5562-7455-0

Ⅰ．①太… Ⅱ．①凯… ②达… ③蒋… Ⅲ．①动物－儿童读物 Ⅳ．① Q95-49

中国国家版本馆 CIP 数据核字 (2024) 第 013226 号

TAI KU LA! DONGWU DE MIMI RUCI DUO WO BU ZHIDAO JING SHI ZAJI GAOSHOU
太酷啦！动物的秘密如此多 我不知道鲸是杂技高手

[英] 凯特·贝蒂◎著 [英] 达伦·哈维◎绘 蒋玉红◎译

监　　制：齐小苗
策　　划：童立方·小行星
责任编辑：张　新　蔡甜甜
封面设计：马俊赢
策划编辑：盖　野　徐耀华
版式设计：马俊赢
营销编辑：刘子嘉
排　　版：马俊赢

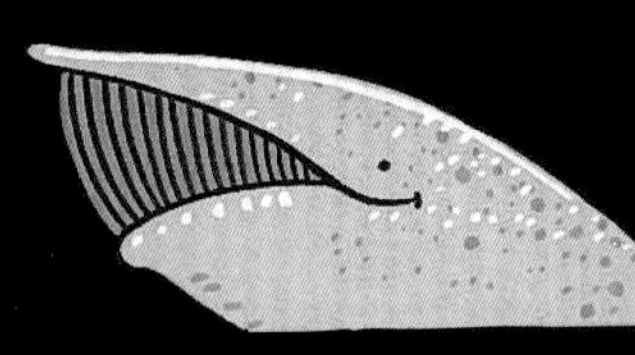

出 版 人：刘星保
出　　版：湖南少年儿童出版社
地　　址：湖南省长沙市晚报大道 89 号
邮　　编：410016
电　　话：0731-82196320
常年法律顾问：湖南崇民律师事务所 柳成柱律师
经　　销：新华书店
开　　本：889 mm×995 mm 1/16
印　　刷：北京尚唐印刷包装有限公司
字　　数：18 千字
印　　张：2
版　　次：2024 年 2 月第 1 版
印　　次：2024 年 2 月第 1 次印刷
书　　号：ISBN 978-7-5562-7455-0
定　　价：198.00 元（全 12 册）

若有质量问题，请致电质量监督电话：010-59096394　团购电话：010-59320018

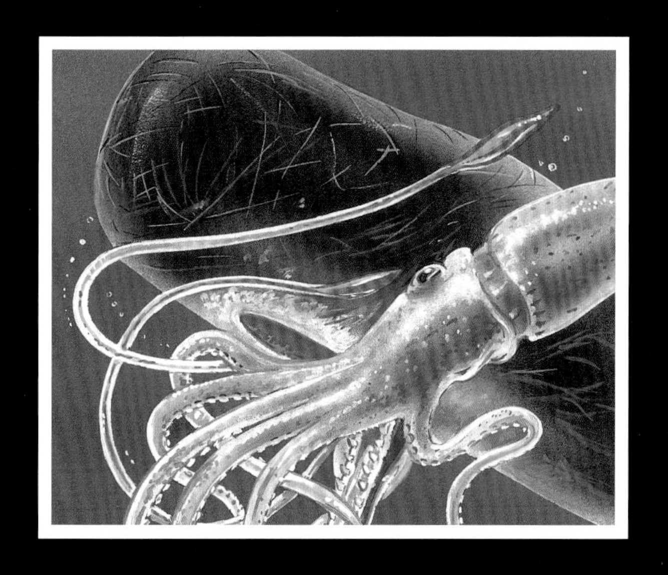

你知道吗？鲸是哺乳动物，也需要呼吸空气；有些鲸甚至比体形最大的恐龙还要重；海豚生病时，同伴们还会照顾它……

快来认识各种鲸和海豚，了解它们吃什么、座头鲸的歌声有多么嘹亮、它们如何繁育宝宝、它们最大的敌人是谁等等，一起走进神奇的海底世界！

注意这个图标，它表明这一页上有一个好玩的小游戏，快来一试身手！

真的还是假的？看到这个图标，说明要做判断题喽！记得先回答，再看答案。

别忘了读一读页边上的海洋生物小百科！

考古学家发现了一具5000万年前史前鲸的骨骼化石。

我不知道 鲸是哺乳动物

就像你和我、奶牛、马儿、猫咪和小狗，或是其他哺乳动物一样，鲸也是温血动物，也需要呼吸空气，在幼年时期也要喝鲸妈妈的乳汁。

找一找
你能找到这条假冒鲸和海豚的可疑骗子吗？

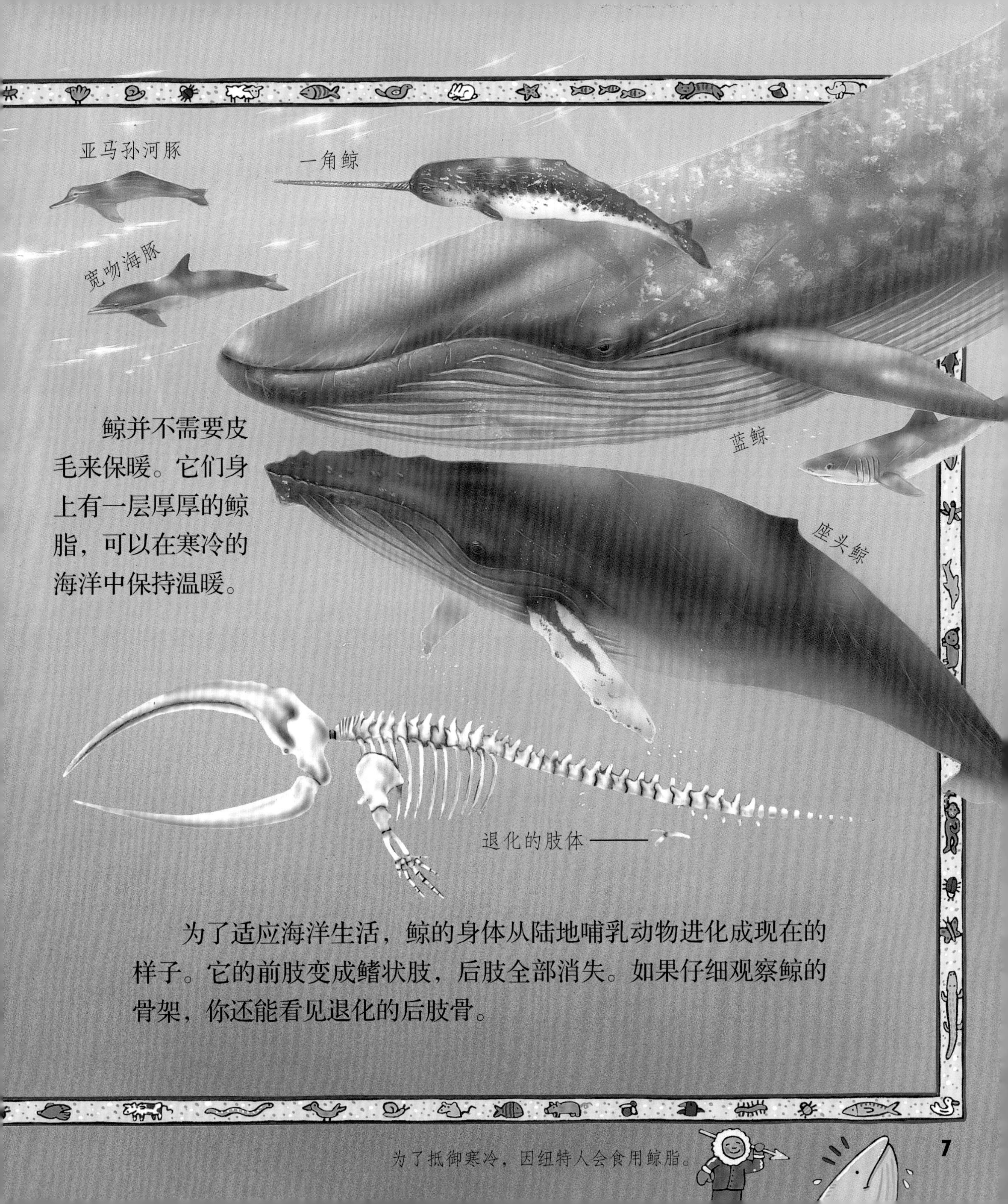

鲸并不需要皮毛来保暖。它们身上有一层厚厚的鲸脂，可以在寒冷的海洋中保持温暖。

为了适应海洋生活，鲸的身体从陆地哺乳动物进化成现在的样子。它的前肢变成鳍状肢，后肢全部消失。如果仔细观察鲸的骨架，你还能看见退化的后肢骨。

为了抵御寒冷，因纽特人会食用鲸脂。

我不知道 鲸是地球上有史以来最大的动物

蓝鲸的体形是最大的恐龙的4倍，是大象的25倍。体形如此巨大的动物是无法在陆地上生活的，但是在海洋中，海水可以支撑起它们巨大的身体。

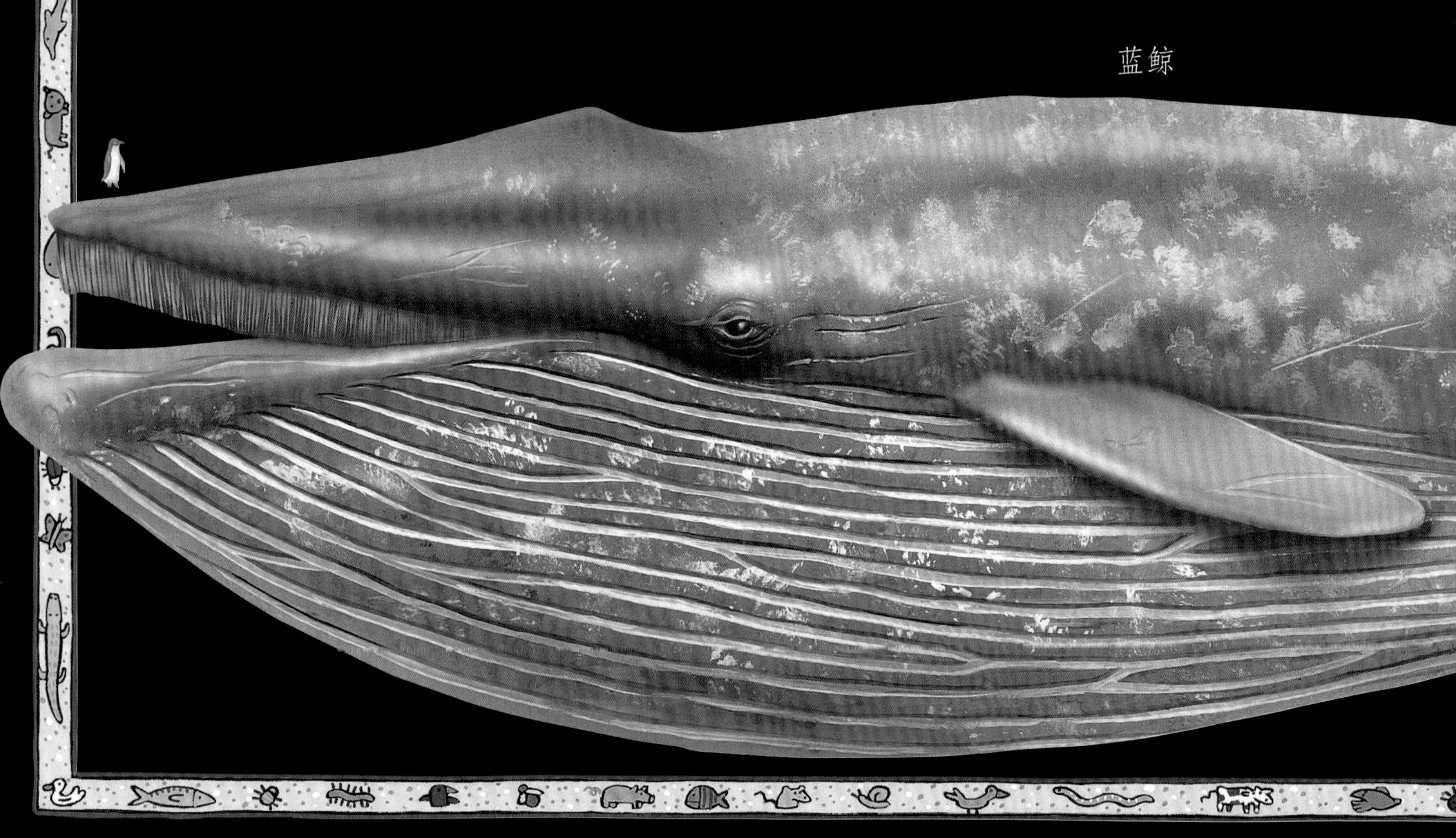

蓝鲸

蓝鲸有时被称为“硫黄底”。蓝鲸深潜到海底时，表皮会附着一些藻类，使得它们的身体在漆黑的环境中发出黄光。

真的还是假的？

蓝鲸的心脏比一个人的体重重 4 倍。

答案：真的。至少重 4 倍！蓝鲸的心脏重约 450 千克，而人类的平均体重约为 60 千克。

蓝鲸舌头的重量和一头河马的体重差不多！

我不知道 鲸会憋气

它们必须得会！尽管鲸是哺乳动物，通过肺来呼吸空气，但它们大部分时间都在水下生活。它们会浮到海面上呼吸空气。

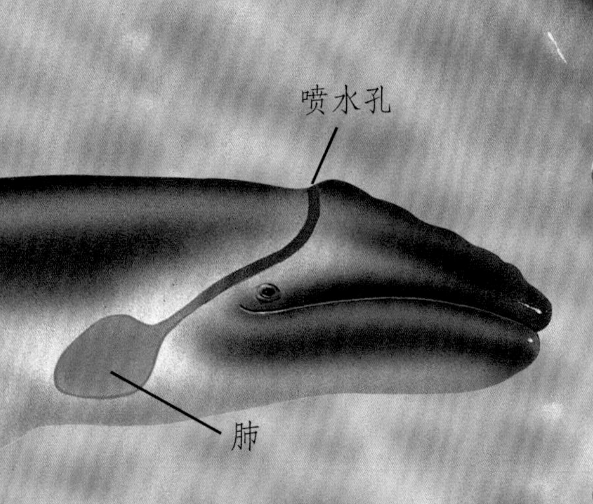

鲸头顶的喷水孔就是它们的鼻孔。鲸呼气时喷出一股高高的水柱，然后深吸一口气，再一次潜入海底。

灰鲸

如果鲸在陆地上搁浅，它的肺会被它的体重压碎。

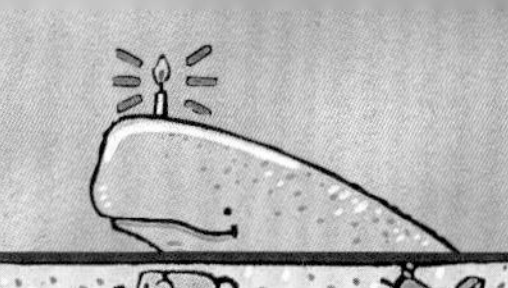

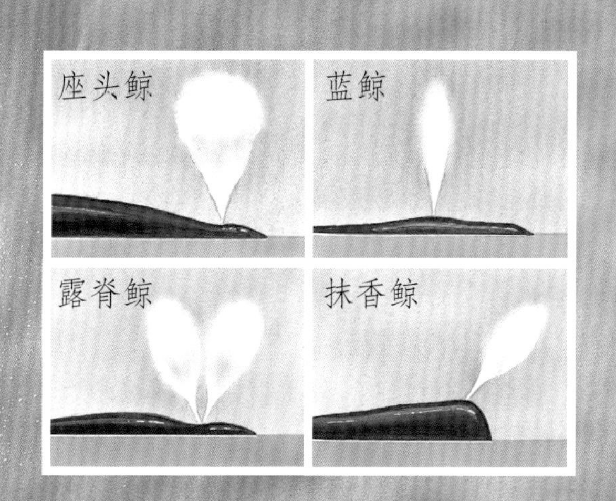

潜水高手抹香鲸的下潜记录是约 3000 米，有时下潜时间能超过 1 个小时。它们的头部有一种蜡状的物质，叫作鲸蜡，鲸蜡可以帮助抹香鲸承受深海水域的压力。

真的还是假的？

从鲸头顶上喷出的水柱就能判断出它的种类。

答案：真的。鲸喷出的水柱其实是大量的水蒸气，鲸体内的暖空气和体外的冷空气相遇后化为水汽。上面的图片展示了不同的鲸喷出的水柱。19 世纪时，捕鲸者从很远的地方就能注意到鲸喷出的水柱，并从水柱的形状辨别出附近是哪种鲸。

我不知道 鲸是杂技明星

和这头 15 米长的座头鲸一样，许多鲸在浮出水面时会从水里跃出。它们有时旋转身体或者翻个筋斗，然后落入水中，溅起大片的水花。这叫作鲸跃。

座头鲸

鱼通过左右摆动尾巴向前游动。鲸的肌肉更强健，上下摆动尾巴更有劲儿。鲸用鳍状肢来保持身体平衡和掌控方向。

真的还是假的？

海豚跳出水面会吓到鱼。

答案：真的。想象一下，鲸或者海豚跃出水面时，会给水面造成多大混乱！受惊的鱼挤作一团，正好方便海豚一口吞下。

海洋公园里的鲸目动物，包括虎鲸和海豚，都会表演节目。它们聪明又灵活，总能令观众们着迷。让人难过的是，这些动物是被捕获的，而观众也知道它们应该生活在大自然中。

可以从尾巴的形状来判断鲸的种类。

我不知道 有些鲸没有牙齿

鲸分为齿鲸和须鲸。须鲸有好几百根呈梳齿状排列的角质须，叫作鲸须。这些鲸须挂在口腔上颚，能够帮助鲸滤食猎物。

露脊鲸

体形庞大的蓝鲸以细小的磷虾为食。一头蓝鲸一天可以捕食约400万只磷虾。

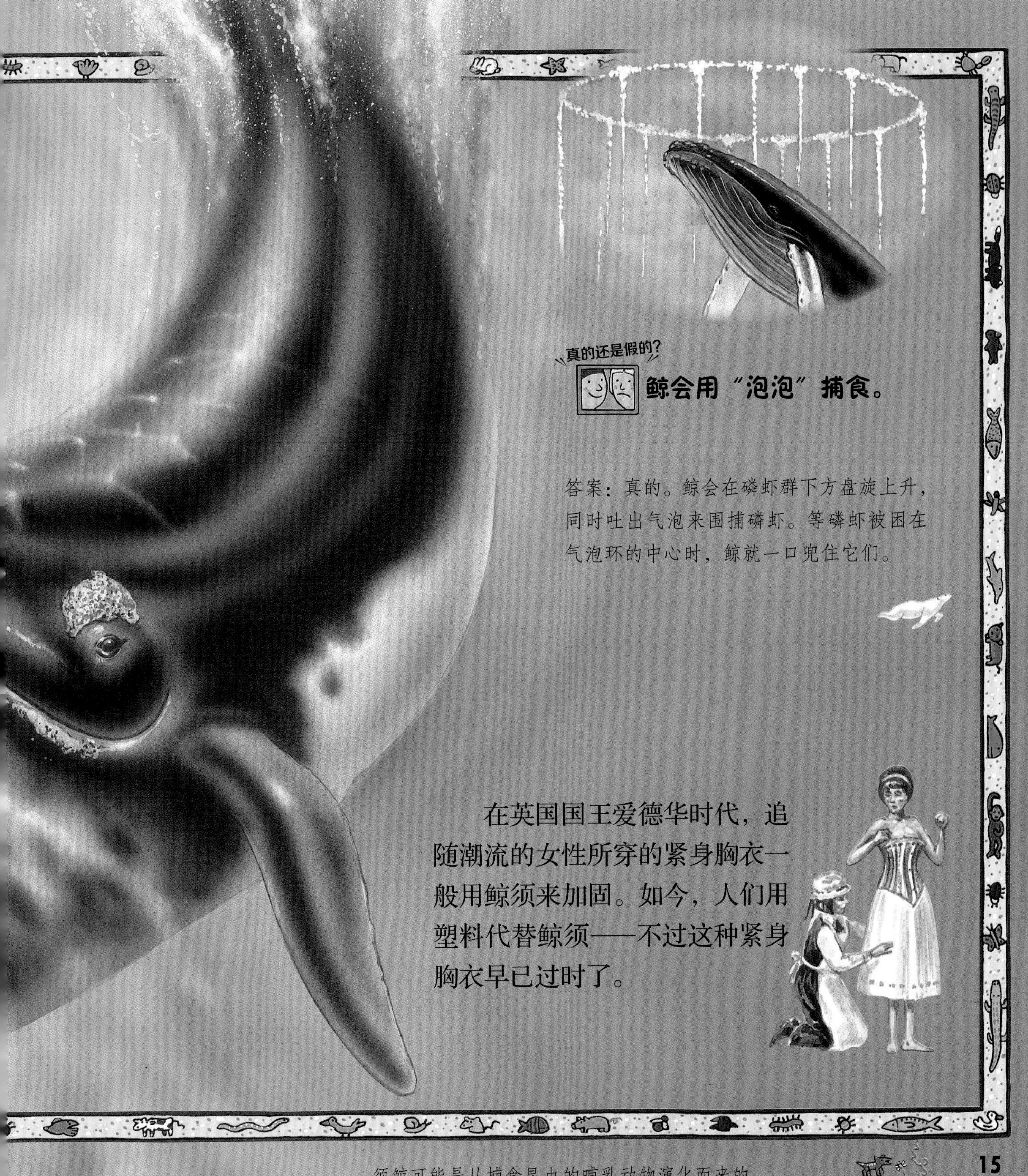

真的还是假的？

鲸会用“泡泡”捕食。

答案：真的。鲸会在磷虾群下方盘旋上升，同时吐出气泡来围捕磷虾。等磷虾被困在气泡环的中心时，鲸就一口兜住它们。

在英国国王爱德华时代，追随潮流的女性所穿的紧身胸衣一般用鲸须来加固。如今，人们用塑料代替鲸须——不过这种紧身胸衣早已过时了。

须鲸可能是从捕食昆虫的哺乳动物演化而来的。

我不知道 虎鲸成群地捕食

虎鲸，又叫杀人鲸或逆戟鲸，是黑白相间的大型鲸目动物。虎鲸成群地生活在一起，组成鲸群，并集体猎食。它们的食谱上有鱼、鱿鱼、海鸟、海豹，甚至还有海豚和其他鲸。

影片《人鱼童话》中的虎鲸用的是塑料替身。

我不知道 一群海豚能有几千只

海豚也是鲸目动物。在一些鱼类丰富的海域，同类海豚会聚集在一起生活。有时，群体成员多达 2000 只，它们协作捕食鱼群。

鼠海豚是鲸目动物中体形最小的成员。它们没有海豚那样的喙状嘴。它们跳出水面的方式叫作“豚式跳跃”，和海豚跃出水面的方式一样！

海豚会将受伤的同伴托出水面，以进行呼吸。

真的还是假的？

鲸目动物只生活在海洋里。

答案：假的。长江江豚、亚河豚和恒河豚都生活在淡水中，它们也是鲸目动物。

美国海军充分利用了海豚的聪明机智！下图中的这只海豚经过训练后，能够找到海底的水雷并将其带回。还有的海豚经过训练后能够探测潜水艇和守卫海港入口。

迁徙中的灰鲸会在瀑布里淋浴，洗去身上的藤壶。

我不知道 有些鲸每年会旅行 2 万多千米

加利福尼亚州的灰鲸每年冬天从阿拉斯加出发，游行 1 万多千米到墨西哥繁殖。夏季阿拉斯加食物丰富，它们又会游回来。

答案：真的。许多鲸会呈特定队形游动。迁徙的白鲸群排着队穿过浮冰块，从右边这张俯视图中，你能清楚地看到它们随鱼群向南迁徙的队形。

如果鲸游到浅海区，没有足够的水支撑庞大的身体，它们就会搁浅。同伴们会游过来提供帮助，但最终它们也会搁浅。

为了保护自己的幼崽，灰鲸妈妈会变得非常有攻击性。

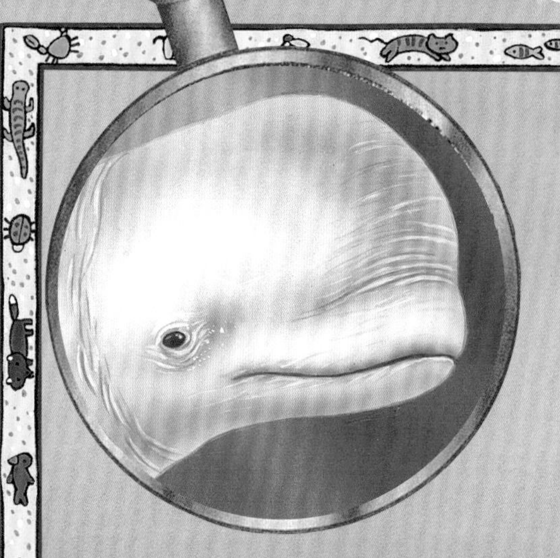

过去，北极的水手常常称白鲸为“海洋里的金丝雀”（上图），因为它们的叫声如银铃般悦耳动听。

我不知道 鲸会唱歌

它们用歌声在相隔数千米的海洋里交流。每一种鲸都有其独特的嗓音，非常容易识别。歌声由隆隆声、咔嗒声和口哨声等不同的声音组成。它们在繁殖的季节里最热闹。

座头鲸以歌声而闻名。它们每年都会更换歌曲，并且连续好几个小时演唱新歌。

座头鲸的歌声非常嘹亮，185千米之外都可以听到。

座头鲸的歌声和飞机起飞时的轰鸣声一样大。

海豚捕食时会使用回声定位。它们发出尖锐的声音，然后等着声波反弹回来。声波的传播原理和水波相似。我们可以通过实验来观察声波和水波是怎样传播的：把一个杯子放在装满水的水槽中，打开水龙头，让水龙头滴水。水滴产生的水波碰到杯子后开始反弹。

我不知道 鲸也需要助产士

和所有刚刚出生的哺乳动物一样，鲸宝宝在出生后需要立刻呼吸到第一口空气。“助产士”鲸会帮助鲸妈妈把刚刚出生的宝宝推到水面上呼吸空气。

座头鲸

真的还是假的？

鲸宝宝一天可以喝下600升的奶。

答案：真的。鲸宝宝在出生后的第一个星期里体重会增加1倍。经过7个月的哺乳后，鲸宝宝能长到15米长，这时候它才不再喝奶。

鲸求偶时经常一起玩耍。雄鲸会一直游在雌鲸旁边，用头温和地轻拍或者轻抚雌鲸的头。座头鲸在交配的时候会一起跃出水面。

海豚也是鲸目动物。雄性海豚在求偶时，会猛烈地追逐雌性海豚（下图），并相互打斗。它们会互相猛咬对方，但不会因这些伤口而死亡。

雄性露脊鲸会表演一段求爱舞蹈。

我不知道 以前人们乘小船捕鲸

在捕鲸镖发明以前，捕鲸对捕鲸者来说十分危险。如今，许多国家已经颁布法令，禁止捕鲸，以防它们灭绝。

口红、蜡烛、人造黄油和维生素的原料都是从鲸身上提取的。

鲸工船的出现，使杀死鲸后直接在海上加工鲸肉成为可能。人们乘着捕鲸艇，用鱼叉将鲸捕杀后，把鲸的尸体拖到鲸工船上屠宰、加工。

过去，为了消磨在海上的时光，水手们常常在鲸的长牙或鲸须上进行雕刻。这些雕刻品就是骨雕（上图）。

我不知道 人能和鲸一起度假

有些旅游公司会组织生态旅游者乘船到自然栖息地观赏鲸。生态旅游使当地人更乐意保护动物，不再猎杀它们。

鲸需要深水支撑它庞大的身体。如果搁浅，它们非常需要人类帮助它们快速回到安全的深海区。

真的还是假的?

为阻止捕鲸者捕杀鲸，绿色和平组织会派出船只搜寻捕鲸船。

答案：真的。绿色和平组织成员会乘坐橡皮艇，不顾自己的安危挡在捕鲸船前，以阻止鲸被捕杀（右图）。

当靠近鲸妈妈和鲸宝宝时，赏鲸人一定要小心。

知 识 点

捕鲸镖

在一根绳索上系上鱼叉，采用射击的方式刺入鲸体，在 19 世纪 60 年代发明，用来捕杀鲸。

哺乳动物

一个动物种群，如常见的猫、奶牛和猴子等。它们通过胎生繁衍后代，用乳汁喂养宝宝，是温血动物。

肺

动物体内的一个呼吸器官，用于将氧气输入血液。

回声定位

有些动物用听觉代替视觉来“看见”物体。它们发出声音，然后听声音碰到物体后反射的回声。

鲸须

须鲸是没有牙齿的鲸。鲸须是指悬垂在须鲸口腔上颚的角质板，用来过滤食物。

鲸跃

鲸忽然从海中跃出来，然后“砰”的一声又落回海里。

鲸脂

鲸皮肤下的一层厚厚的脂肪，用于御寒。

栖息地

动物生活的自然场所。

迁徙

动物为了获取食物或到温暖的地方越冬而进行的旅行。

生态旅游者

那些选择去自然栖息地观看野生动物的旅游者，他们有很强的环保意识，希望野生动物得到保护。

温血动物

温血动物能够维持体温。而冷血动物只能靠体外环境的温度来提高或降低体温。

压力

在很深的海底，水会产生很大的压力，不适应的动物可能会被水压压死。

我不知道

有些猴子
比我
多只“手”

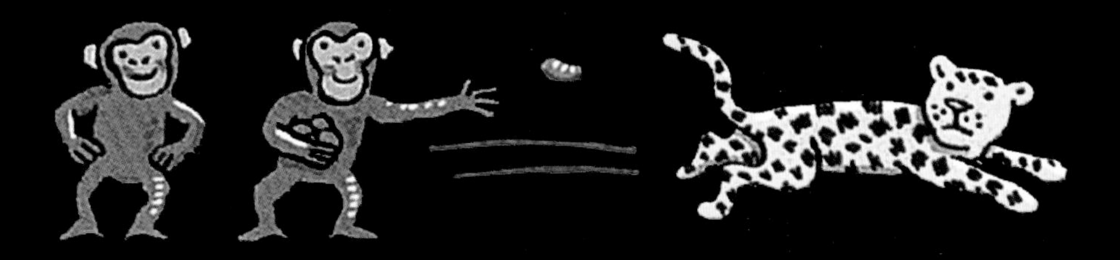

\ 太酷啦！动物的秘密如此多 /

我不知道有些猴子比我多只“手”

[英] 克莱尔·卢埃琳◎著
[英] 克里斯·希尔兹◎绘
蒋玉红◎译

CNS 湖南少年儿童出版社 HUNAN JUVENILE & CHILDREN'S PUBLISHING HOUSE 小博集 BOOKY KIDS
·长沙·

著作权合同登记号：图字 18-2023-259

图书在版编目（CIP）数据

太酷啦！动物的秘密如此多．我不知道有些猴子比我多只“手”／（英）克莱尔·卢埃琳著；（英）克里斯·希尔兹绘；蒋玉红译．-- 长沙：湖南少年儿童出版社，2024.2
ISBN 978-7-5562-7455-0

Ⅰ．①太… Ⅱ．①克… ②克… ③蒋… Ⅲ．①动物－儿童读物 Ⅳ．① Q95-49

中国国家版本馆 CIP 数据核字 (2024) 第 013222 号

TAI KU LA! DONGWU DE MIMI RUCI DUO WO BU ZHIDAO YOUXIE HOUZI BI WO DUO ZHI “SHOU”
太酷啦！动物的秘密如此多 我不知道有些猴子比我多只“手”

[英] 克莱尔·卢埃琳◎著 [英] 克里斯·希尔兹◎绘 蒋玉红◎译

监　　制：齐小苗
策　　划：童立方·小行星
责任编辑：张　新　蔡甜甜
封面设计：马俊嬴
策划编辑：盖　野　徐耀华
版式设计：马俊嬴
营销编辑：刘子嘉
排　　版：马俊嬴

出 版 人：刘星保
出　　版：湖南少年儿童出版社
地　　址：湖南省长沙市晚报大道 89 号
邮　　编：410016
电　　话：0731-82196320
常年法律顾问：湖南崇民律师事务所 柳成柱律师
经　　销：新华书店
开　　本：889 mm×995 mm 1/16
印　　刷：北京尚唐印刷包装有限公司
字　　数：18 千字
印　　张：2
版　　次：2024 年 2 月第 1 版
印　　次：2024 年 2 月第 1 次印刷
书　　号：ISBN 978-7-5562-7455-0
定　　价：198.00 元（全 12 册）

若有质量问题，请致电质量监督电话：010-59096394　团购电话：010-59320018

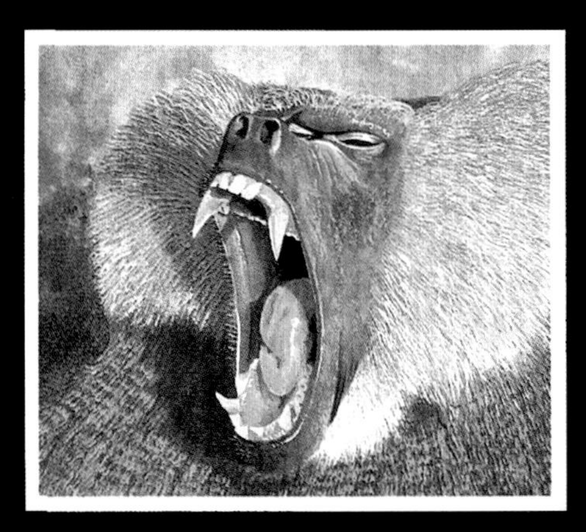

你知道吗？有些猴子长着尖牙，吼猴是陆地上最吵闹的动物，猕猴会清洗它们的食物，有只大猩猩还学会了使用手语……

快来认识各种猴子和类人猿，知道它们的不同之处，它们吃些什么，它们怎样交流以及表示友好，它们如何繁育宝宝，以及它们的敌人是谁，一起走进神奇的灵长目动物世界吧！

注意这个图标，它表明这一页上有一个好玩的小游戏，快来一试身手！

真的还是假的？看到这个图标，说明要做判断题喽！记得先回答，再看答案。

别忘了读一读页边上的灵长目小百科！

类人猿和猴子不一样

它们的体形比猴子更大，可以用后脚直立。类人猿包括猩猩、黑猩猩、大猩猩和长臂猿。猴子有尾巴，而类人猿没有尾巴。

找一找

你能找到 4 只白眉猴和 2 只大猩猩吗？

白眉猴

猴子和类人猿属于同一类哺乳动物，叫作灵长目动物。大多数灵长目动物都生活在树上。它们很聪明，眼睛长在脸前方，能帮它们很好地判断物体的距离。婴猴和狐猴（左图）也是灵长目动物。

类人猿的脸长得和人类很相像。

日本猕猴

我不知道

有些猴子生活在山上

日本猕猴生活在日本北部的大山里。到了冬天，它们喜欢泡在温暖的水里——地底冒出的温泉。这真是个取暖的好方法！

真的还是假的？

欧洲没有猴子。

答案：假的。地中海猕猴生活在西班牙南部的直布罗陀的森林里。它们可能是在很久以前被人类从非洲带过去的。

南美洲的猴子全都生活在树上。

分布在非洲和亚洲的猴子，如疣猴，它们的鼻孔朝下，屁股上有臀疣。而南美洲的猴子，如卷尾猴，鼻孔朝向两侧，屁股上没有臀疣。

卷尾猴

疣猴

不是所有的类人猿和猴子都生活在森林里。在非洲和亚洲，一些猴子生活在泥泞的沼泽地区。狒狒（下图）更喜欢生活在草原上或者干燥、多岩石的小山上。

猴子以森林中的水果为食，对种子的传播非常有帮助。一小群猴子每天可以“播下”成千上万颗种子。

我不知道 有些猴子有三只“手”

南美洲的蜘蛛猴和绒毛猴把它们长长的强壮尾巴当作第三只“手”来使用。它们的尾巴可以抓握水果等食物；也可以缠绕在树枝上，紧紧地抓住树枝。

那些爱吃很多树叶的动物通常都有一个大肚子。

有些类人猿会吃肉。

答案：真的。除了吃水果，黑猩猩也喜欢吃肉。它们是聪明的捕食者，会合作抓捕疣猴、羚羊或者野猪。可是抓到猎物后，它们常常会因猎物分配而大打出手。

绒毛猴

南美洲的倭狨会用它们长而锋利的牙齿在树干上凿洞，吮吸里面甜甜的、黏黏的树液（右图）。

倭狨

我不知道 长臂猿是杂技演员

在亚洲的森林里，长臂猿生活得舒适而自在。它们的双臂很长，能吊荡树枝前进，即双臂悬挂在树枝上，两只手交替前行。

试着在学校或公园的单杠上吊一段时间，你就知道为什么长臂猿会有长长的钩状指头和两条肌肉发达的手臂了。

长臂猿在森林中穿行得比其他动物都要快。

南美洲的松鼠猴体态轻盈，动作敏捷，能在树枝上奔跑，还能像松鼠一样在树枝间跳跃。
找一找
你能找到5只蝴蝶吗？
大猩猩和黑猩猩用手指关节和脚掌触地而行，这种方式被称为指背行走。

我不知道 有些猴子生活在一个大群体中

狒狒生活在空旷的草原上，成群结队地出来活动，群体由雄性狒狒率领。它们轮流放哨，站在高处侦察，以防猎豹和狮子靠近。

类人猿或猴子会互相梳理皮毛。这种行为可以增进群体成员间的感情，有助于它们友好往来，同时还能让自己保持干净呢！

在黑猩猩群体中，体形最大、年纪最大和最聪明的黑猩猩地位最高。雄性黑猩猩经常互相威胁和恐吓，以提高自己在群体中的实力排名。

真的还是假的？

有些类人猿喜欢独自生活。

答案：真的。猩猩生活在东南亚的雨林深处。每只猩猩在森林里都有自己的领地，和其他猩猩邻居保持着一定的距离。雌性猩猩和幼崽（一只或两只）一起生活，形成一个小群体。

长臂猿生活在小群体中，爸爸、妈妈和宝宝组成一个家族。

有些猴子会“化妆”

山魈生活在西非多石的山上。雄性山魈的面部有鲜艳的色彩，非常显眼，这有利于它们互相识别、联络，也能帮助它们吸引异性。

把自己打扮成一只英俊的山魈吧！找一套面部彩绘颜料和一面镜子，然后照着山魈的模样给自己化装。在往脸上涂颜料之前，先画好山魈的面部轮廓哟。

猴子的脸上很少会露出表情。

绒毛猴经常互相亲吻来打招呼。

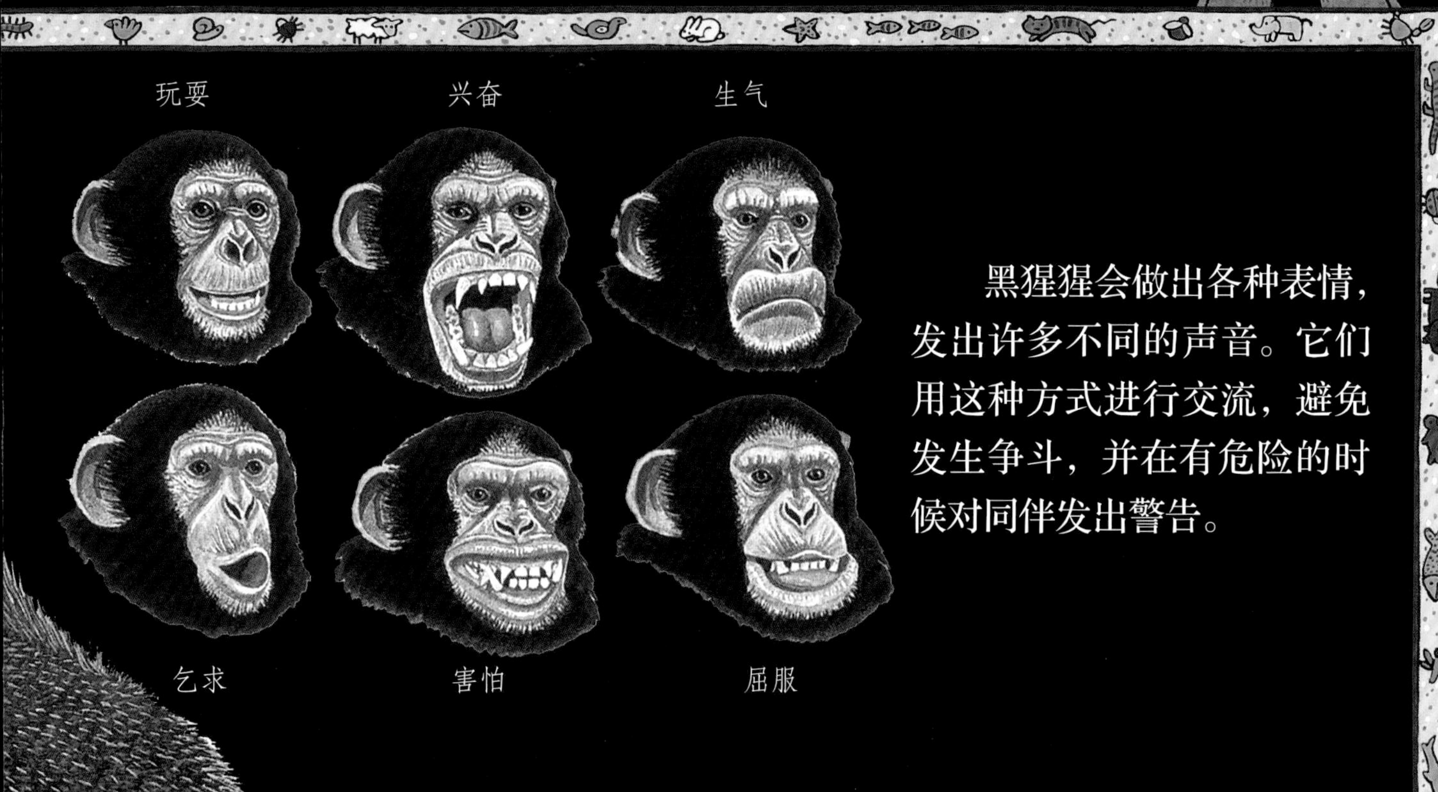

黑猩猩会做出各种表情，发出许多不同的声音。它们用这种方式进行交流，避免发生争斗，并在有危险的时候对同伴发出警告。

真的还是假的？

雌猴的屁股会变红。

答案：真的。每到发情期，雌猴的臀疣会变大，颜色变成鲜艳的粉红色。这对雄猴来说是一个明显的信号——可以追求“她”了。

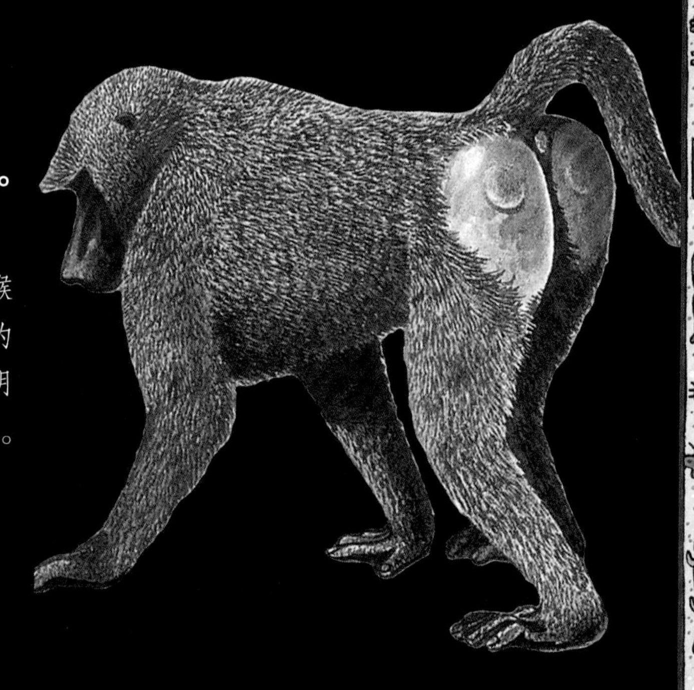

我不知道

灵长目动物是最好的父母

大部分类人猿和猴子一次只生一个宝宝，父母会给予宝宝很多关爱。灵长目妈妈会教给宝宝需要的全部知识和本领，并照顾它很多年。

黑猩猩宝宝会玩耍好几个小时。它们学着在树枝上荡秋千、爬树，以及在群体中其他黑猩猩面前举止得体。

真的还是假的？

在灵长目动物中，总是妈妈照顾刚出生的宝宝。

答案：假的。雄性伶猴是慈爱的父亲（下图）。不管伶猴爸爸去哪里，总是带着自己的宝宝。只有在喂食时，伶猴爸爸才会把宝宝交给伶猴妈妈。

许多叶猴宝宝的皮毛是亮橙色的（上图），而成年叶猴的皮毛是灰褐色的。科学家认为，叶猴宝宝鲜亮的颜色能引起成年叶猴的注意，让自己得到更好的保护。

长臂猿宝宝的屁股上有一簇白毛，在黑暗中非常显眼。

豚尾猴被人训练采摘椰子。

我不知道 黑猩猩会使用工具

黑猩猩是聪明的发明家。它们会削一根细细长长的小树枝，然后用这根小树枝做钓竿，在白蚁丘上“钓”出美味的白蚁。

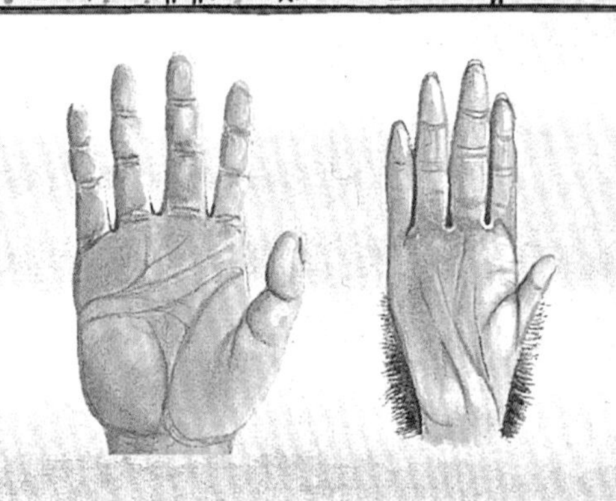
类人猿的手和人类的手非常相似。它们的拇指可以通过弯曲接触到其他指尖，这让类人猿可以抓起东西，并小心拿好。

黑猩猩

真的还是假的?

类人猿能学会一种语言。

答案：真的。类人猿有聪明的大脑。多年以来，科学家一直在研究类人猿，并教它们用符号和手势进行交流。其中，有一只大猩猩已经学会用手语“说”出完整的句子。其他类人猿掌握了100多种不同的符号。

猴子会互相模仿和学习。据说，日本有只猕猴在沙滩上找到一个红薯，拿到海水里清洗上面的沙子。其他猕猴纷纷效仿，现在它们全都学会把食物洗干净再吃了。

类人猿永远也学不会说话，因为它们不能发出一些复杂的元音和辅音。

黑猩猩会朝它们的敌人扔枝条和石头。

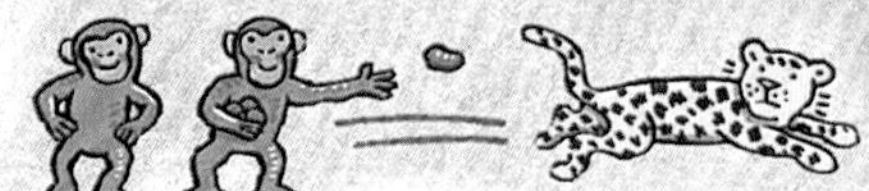

我不知道

鹰会捕食猴子

角雕是猴子的天敌。这些捕食者目光敏锐，在森林上空无声地飞来飞去。它们会抓住树枝上的猴子，用强有力的爪子将其撕碎。

角雕

雄性大猩猩怎样吓走敌人？它们昂首挺胸地站起来，露出牙齿，大声咆哮，同时用双手击打自己的胸膛（右图）。

银背大猩猩几乎和人一样高。

我不知道

有些大猩猩有银色的毛

成年雄性大猩猩的背毛会变成银色的，因此它们被称为“银背大猩猩”。体形巨大的银背大猩猩负责保护整个家族，并决定在哪里睡觉和吃饭。

银背大猩猩

大猩猩是地球上体形最大的灵长目动物。它们头骨宽大，四肢强健，肌肉强劲有力。可它们其实是温和的素食主义者，以嫩叶、树根、水果及菌类为食。

真的还是假的？

大猩猩会在树上做窝。

答案：真的。每到晚上，大猩猩都会在树上或地上用树枝和树叶搭建自己的小窝。它们也会在中午做窝，这样午饭后就可以打个小盹了。

银背大猩猩的重量可达人的3~4倍。

动物园帮助灵长目动物繁育，然后将它们送回野生环境中。

我不知道 有些类人猿和猴子是孤儿

当类人猿和猴子被捕食者杀死后，它们的幼崽就成了无助的孤儿。巡逻队把这些幼崽带到特殊的保护区，它们在那里可以安全地生活，慢慢长大。

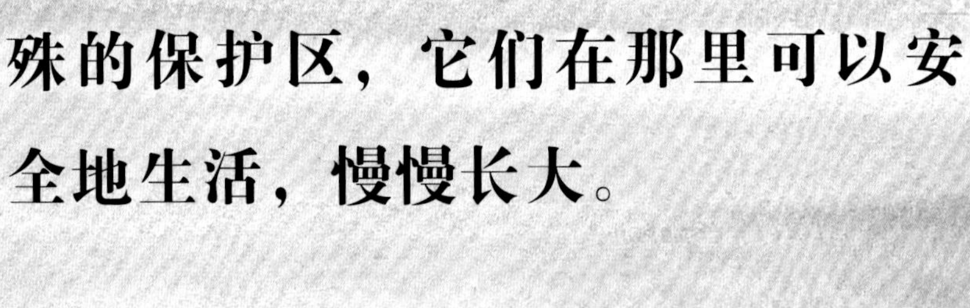

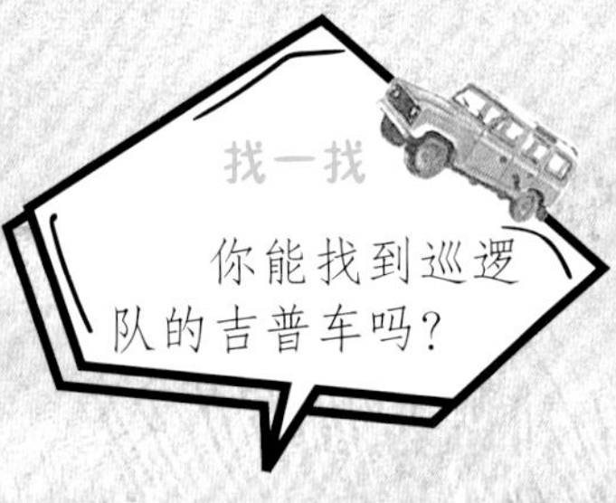

黑猩猩幼崽

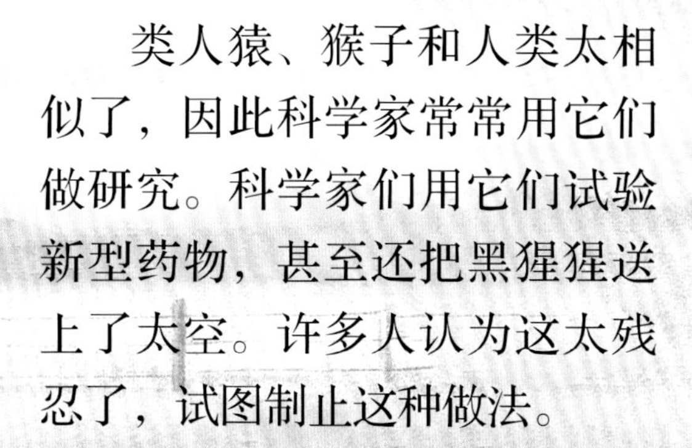

类人猿、猴子和人类太相似了，因此科学家常常用它们做研究。科学家们用它们试验新型药物，甚至还把黑猩猩送上了太空。许多人认为这太残忍了，试图制止这种做法。

哈奴曼叶猴（也叫印度灰叶猴）在印度受到保护。作为印度的猴神，哈奴曼勇敢地从魔鬼手中解救出了罗摩的妻子，帮助了罗摩。

棉冠狨猴宝宝被抓后，常被当作宠物出售。

好几百年前，在一些地方，猴子被认为是魔鬼的化身。

我不知道

有些猴子是陆地上最吵闹的动物

南美洲的吼猴会发出震耳欲聋的声音，远在数千米之外的地方都能听见。吼猴的下颚有类似共鸣腔的结构，因此能发出震耳欲聋的吼声。

夜猴生活在南美洲，它是世界上唯一的夜行性猴子。夜猴有一双大眼睛，可以在黑夜中看清东西。

这个鼻子大得出奇的猴子是来自东南亚的雄性长鼻猴。当它兴奋时，鼻子会变成红色的，帮助它吸引异性。

世界上最有名的灵长目动物之一出现在电影《金刚》中，这部影片的最早版本制作于20世纪30年代（右图）。影片讲述了一只巨型大猩猩的故事，故事发生在纽约。

在古埃及，阿拉伯狒狒被奉为“神圣的猴子”。

知识点

表情

动物脸上的神情，用来表明它的感受。

缠绕

动物身体的一部分——如猴子的尾巴，盘绕并紧紧抓住东西。

交流

和其他动物或人分享观点、信息及感受。

灵长目动物

人类、类人猿和猴子都属于灵长目动物。

树液

植物的根茎或叶子中的液体。

臀疣

有些类人猿和猴子的屁股上厚而坚韧的皮肤。

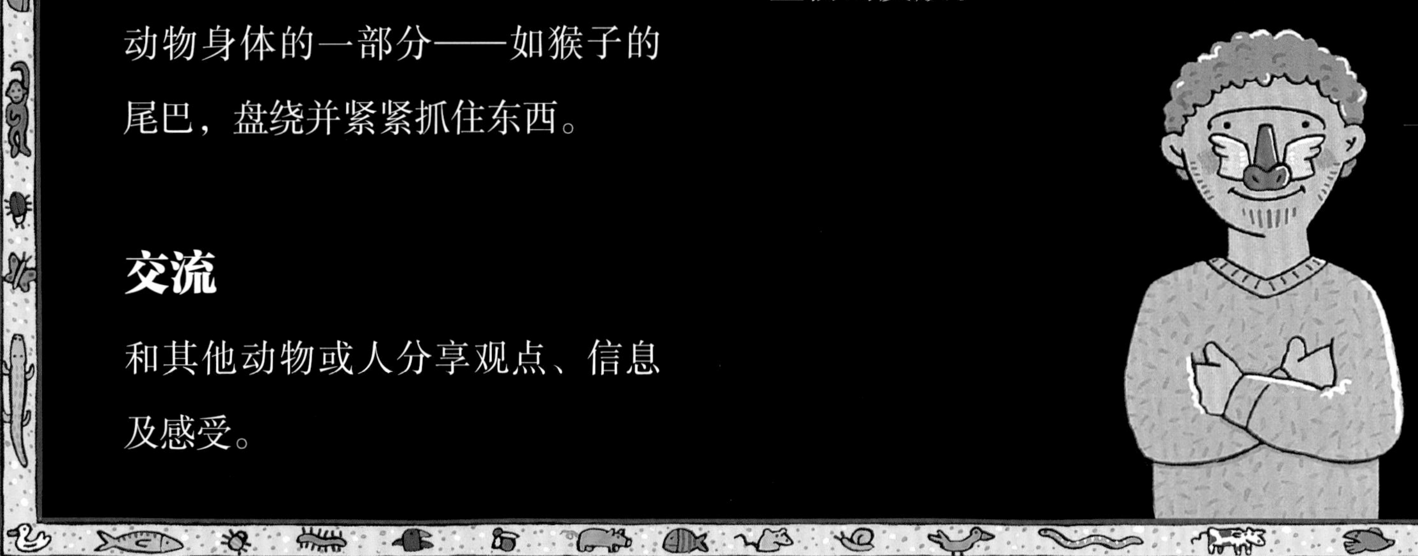

祖先

演化成现代各类生物的各种古代生物。

研究

为了发现一些新的信息而钻研某事物。

药物

可以治疗疾病的药剂。

夜行性

只在夜间外出活动的习性。

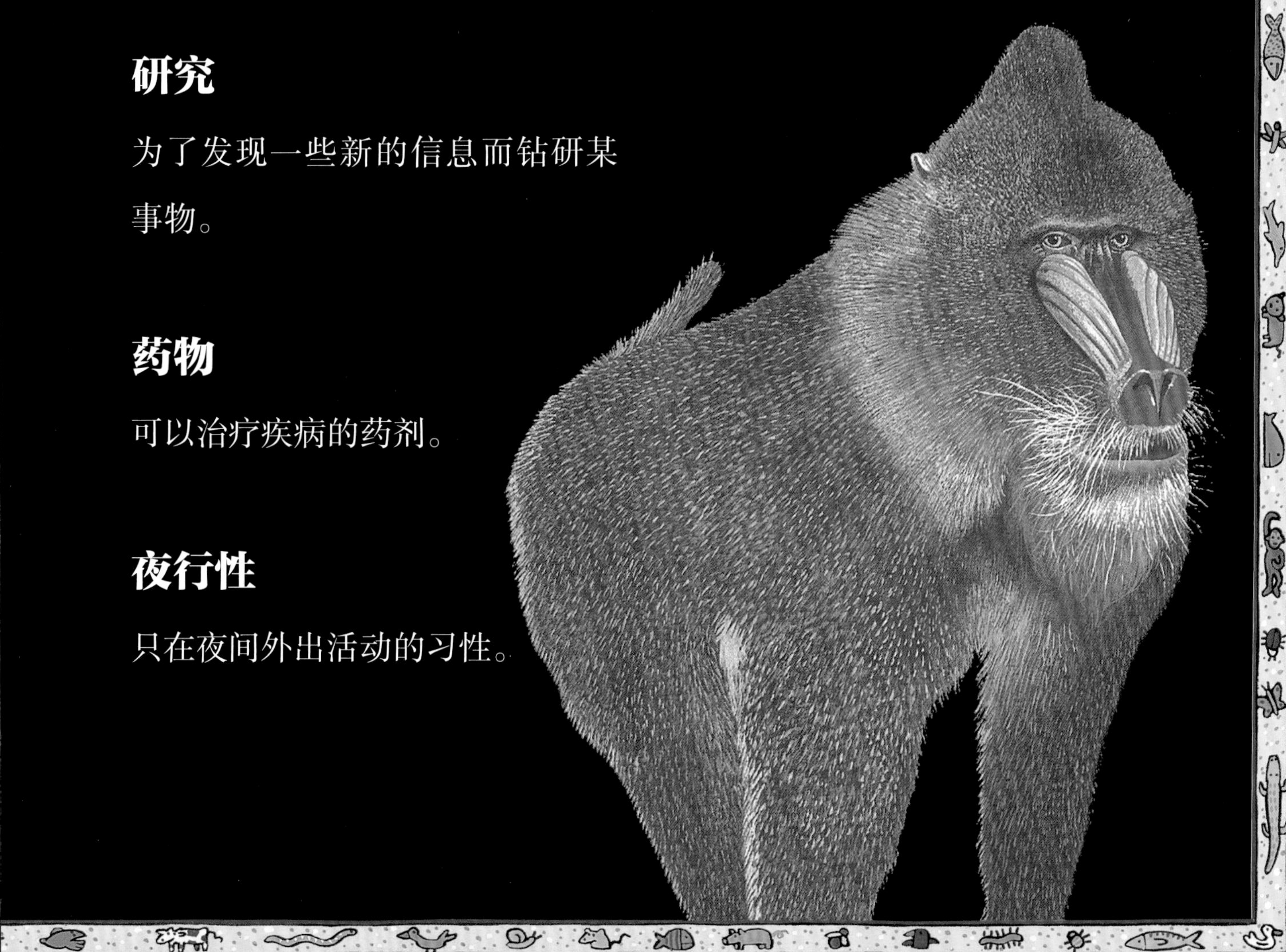

我不知道

有些恐龙会捕鱼

太酷啦！动物的秘密如此多

我不知道有些恐龙会捕鱼

［英］凯特·贝蒂◎著

［英］詹姆斯·菲尔德◎绘

潘　敏◎译

CNS　湖南少年儿童出版社 HUNAN JUVENILE & CHILDREN'S PUBLISHING HOUSE　小博集 BOOKY KIDS

·长沙·

著作权合同登记号：图字 18-2023-259

图书在版编目（CIP）数据

太酷啦！动物的秘密如此多．我不知道有些恐龙会捕鱼／（英）凯特·贝蒂著；（英）詹姆斯·菲尔德绘；潘敏译．-- 长沙：湖南少年儿童出版社，2024.2
ISBN 978-7-5562-7455-0

Ⅰ．①太… Ⅱ．①凯… ②詹… ③潘… Ⅲ．①动物－儿童读物 Ⅳ．①Q95-49

中国国家版本馆 CIP 数据核字 (2024) 第 013221 号

TAI KU LA! DONGWU DE MIMI RUCI DUO WO BU ZHIDAO YOUXIE KONGLONG HUI BU YU
太酷啦！动物的秘密如此多 我不知道有些恐龙会捕鱼

［英］凯特·贝蒂◎著 ［英］詹姆斯·菲尔德◎绘 潘 敏◎译

监 制：齐小苗
责任编辑：张 新 蔡甜甜
策划编辑：盖 野 徐耀华
营销编辑：刘子嘉

策 划：童立方·小行星
封面设计：马俊赢
版式设计：马俊赢
排 版：马俊赢

出 版 人：刘星保
出 版：湖南少年儿童出版社
地 址：湖南省长沙市晚报大道 89 号
邮 编：410016
电 话：0731-82196320
常年法律顾问：湖南崇民律师事务所 柳成柱律师
经 销：新华书店
开 本：889 mm×995 mm 1/16
印 刷：北京尚唐印刷包装有限公司
字 数：18 千字
印 张：2
版 次：2024 年 2 月第 1 版
印 次：2024 年 2 月第 1 次印刷
书 号：ISBN 978-7-5562-7455-0
定 价：198.00 元（全 12 册）

若有质量问题，请致电质量监督电话：010-59096394 团购电话：010-59320018

你知道吗？有些恐龙身上长着羽毛，有些恐龙会飞，恐龙时代真的有海底怪物呢……

快来认识各种史前生物，了解它们到底有多大，都吃些什么，如何繁育宝宝，我们是如何知道这一切的。一起走进神秘的恐龙世界吧！

注意这个图标，它表明这一页上有一个好玩的小游戏，快来一试身手！

真的还是假的？看到这个图标，说明要做判断题喽！记得先回答，再看答案。

别忘了读一读页边上的恐龙小百科！

古生物学家玛丽·安宁在她12岁时发现了她的第一具恐龙化石。

我不知道 所有恐龙都在6500万年前灭绝了

在灭绝前的1.5亿年里，地球上到处都是恐龙——直至灾难降临。也许是一颗陨石与地球相撞，也许是大量的火山喷发，不管是什么原因，自那之后，地球上就再也没有恐龙了。

我们能知道恐龙的存在，是因为人们在岩石里发现了它们的化石。化石专家或古生物学家把这些化石拼凑起来，弄明白了恐龙是如何生活的。

鳄鱼从恐龙时代活到现在，基本保持了原样，没发生什么大的变化！

恐龙的英文 dinosaur 意为“恐怖的蜥蜴”

直到 1841 年，人们才认识到，原来这些巨大的骨骼化石并不是巨人的，而是属于一群灭绝了的巨型爬行动物！理查德·欧文医生——同时也是一位科学家，将它们命名为 dino（恐怖的）saur（蜥蜴）。

与鳄鱼、蜥蜴等其他爬行类动物相比，恐龙有一点不同——它们能直立行走。

恐龙的皮肤坚硬且粗糙，如同蛇的皮肤，人们通常认为它很湿滑，其实它摸起来很干燥且凹凸不平。

霸王龙皮肤特写

身长 12 米，嘴宽 1 米，牙齿和切割刀差不多长，霸王龙真是一只令人胆战心惊的“蜥蜴”，它的英文名称即意为“残暴的蜥蜴王”。

霸王龙的牙齿化石

1824 年，英国科学家首次为一块恐龙化石命名。

我不知道

有些恐龙比5层大楼还要高

超龙是一种巨大的蜥脚类恐龙，也是目前古生物学家发现的最大的恐龙之一，身长30多米，身高约15米。人类恐怕还没有它的脚踝高。

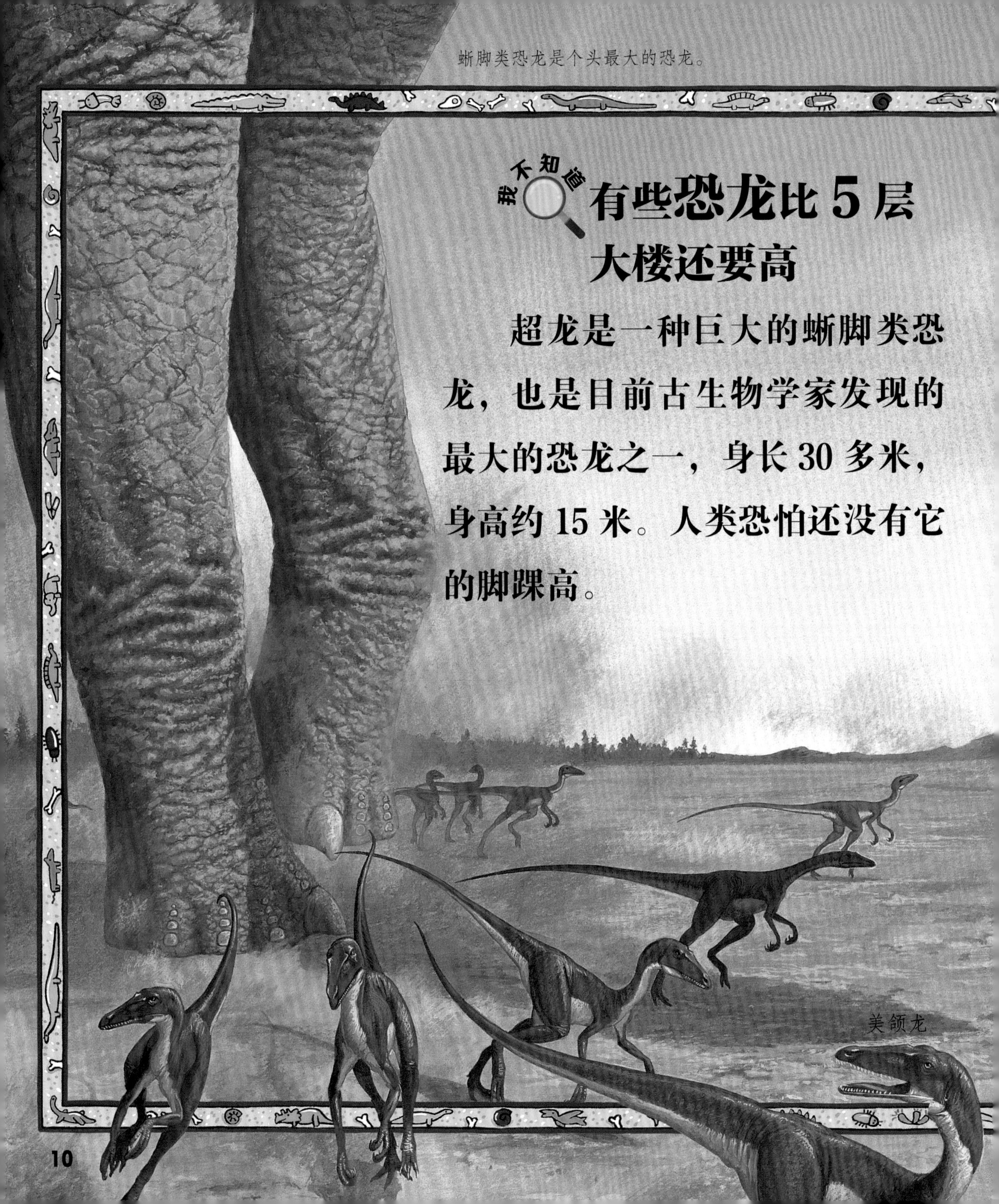

美颌龙

根据足迹化石，我们推断出体形庞大的蜥脚类恐龙经常成群活动，它们走路时步伐非常大。有一些蜥脚类恐龙会游泳渡河，在水中划动前腿，带动身体前行。

美颌龙是体形最小的恐龙之一，和火鸡大小差不多。它是肉食性恐龙，动作迅猛，以捕食小型哺乳动物、蜥蜴和昆虫为生。

马门溪龙有一条长脖子——足有10米那么长！

我不知道 有些恐龙会成群地猎食

古生物学家采集到的一些化石还原了一群恐爪龙围捕一只腱龙的场景。它们很可能像现在的狮子和狼一样，成群地猎食。

恐爪龙的爪子很长，用来刺或切割猎物。后肢上各有一个特别的刺戳趾爪，当它行走、奔跑时，这个趾爪会缩起来。

恐爪龙会飞一般地跳起来攻击猎物。

如果被恐手龙抱一下，它的“恐怖之手”会将你置于死地。它的手臂长度超过 2.4 米。这种体形像鸟的恐龙可能比霸王龙还要危险。

绝大部分肉食性恐龙都属于兽脚亚目，有 3 个脚趾（每只脚）和长长的爪子。它们大部分用两条腿直立行走。

蜥脚类恐龙（如梁龙和迷惑龙）都有牙齿。有的牙齿像钉子，把树叶从植物上耙下来；有的牙齿呈勺状，把叶子扯下来。它们“吃饭”几乎一口也不嚼，都是直接吞下。

大多数恐龙以吃植物为生

最早出现的恐龙都是肉食性恐龙，可到了侏罗纪，植食性恐龙开始繁盛。那时还没有草，因此它们吃的是其他植物。

大型植食性恐龙一天就要吃掉200多千克叶子！

恐龙的粪化石里可能残留有种子、树叶或鱼鳞，这些东西能帮助古生物学家了解恐龙的饮食。

鸭嘴龙（如副栉龙和埃德蒙顿龙）竟然能吃下松枝和松针！它们的嘴巴里面长着 2000 多颗牙齿，能把细枝和松针磨碎，再咽到肚子里。

角龙（如尖角龙）像鹦鹉一样有喙，能咬下非常坚硬的植物，并用强健的下巴或锋利的牙齿把植物切碎。

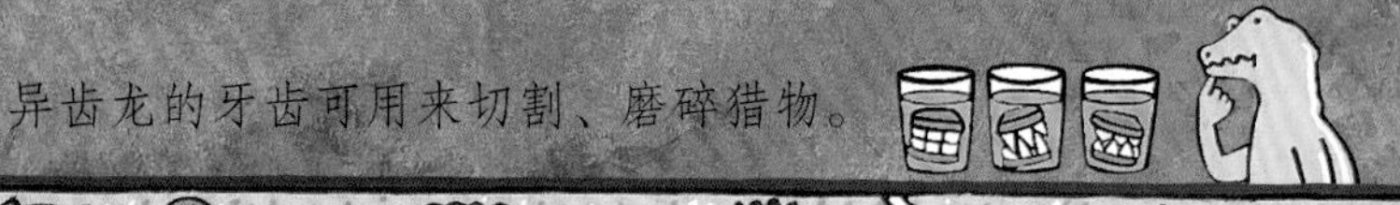

我不知道 有些恐龙会捕鱼

重爪龙意为“坚实的利爪”，其化石在1983年被发现。这只重爪龙的爪子非同寻常，长而弯曲，胃里还残留着一条鱼化石。古生物学家认为它的大爪子是用来把鱼从水里捞起来的。

这是一桩“冤案”！1923年，科学家在一堆化石蛋上发现了一具恐龙化石，他们推测这只恐龙当时正在偷蛋，于是将它命名为窃蛋龙。但随着科技的进步，后来的科学家才发现，这窝蛋极有可能是窃蛋龙自己的。

和蛇一样，恐龙也会直接吞下一顿美食，而不咀嚼。在这具美颌龙化石的胃里，古生物学家就找到了一具完整的蜥蜴化石。

我不知道 恐龙会下蛋

和其他的爬行动物一样，恐龙也会下蛋。恐龙妈妈会在地上挖一个洞作为窝，然后卧在蛋上给蛋保温。在恐龙宝宝能够离开窝之前，恐龙妈妈会一直给它们喂食。

真的还是假的？
最大的恐龙下的蛋有1米多长。
答案：假的。蛋越大，蛋壳就必须越厚。而如果蛋壳过厚，蛋里的宝宝就会窒息。
找一找
你能找到这个冒名顶替的骗子吗？
慈母龙
在这处足迹化石点，一群小脚印周围分布着大脚印，这表明年幼的恐龙外出时，会有年长一些的恐龙跟随并保护它们。
和杜鹃一样，伤齿龙也会把蛋下在其他恐龙的窝里。

过去，人们认为禽龙用来防卫的尖爪长在鼻子上。

有些恐龙身披鳞甲

这些鳞甲帮它们抵抗牛龙等凶猛的肉食性恐龙的攻击。和现在的犰狳和豪猪一样，有些植食性恐龙也长着坚韧的皮甲和骨钉。

牛龙

包头龙

包头龙甚至连眼睑都是骨质的。为了防御，它还有骨钉和致命的骨质尾锤——这足以让任何一个捕食者望而却步。

蜥脚类恐龙只靠庞大的体形就能保护自己，而三角龙则是围在一起，用它们头上的尖角吓跑敌人。

真的还是假的？

剑龙（右图）背上多刺的骨质板是用来保护自己的。

答案：假的。骨质板很可能是用来调节体温的。骨质板皮肤表面的血液可以在阳光下快速升温，在阴凉的地方迅速降温。

梁龙会用它的长尾巴鞭打捕食者。

我不知道

有些恐龙会举行撞头比赛

和现在的公羊与雄鹿一样，肿头龙（如剑角龙）会通过撞头比赛来争夺领袖地位。它们的颅骨厚 25 厘米，所以这种比赛可能不会让它们觉得太疼。

有些鸭嘴龙（如副栉龙）的头冠是中空的，与鼻道相通。它们可能会打呼噜呢！它们不会用头冠来玩撞头比赛。

没人知道恐龙到底是什么颜色。和现代的爬行动物与鸟类一样，它们身上的颜色很可能让它们与周边的环境融为一体。也许和变色龙一样，有些恐龙也会变色。

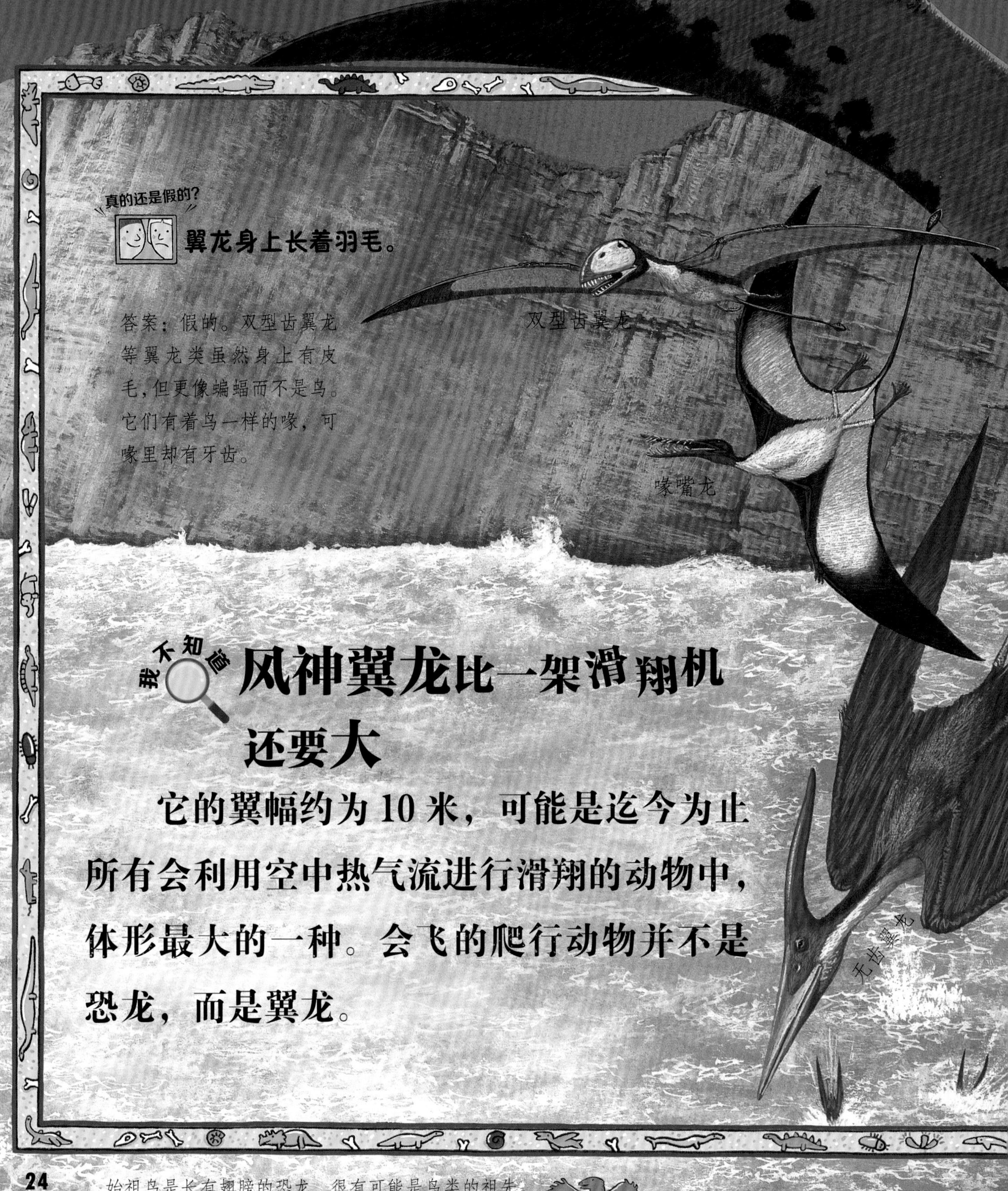

真的还是假的？

翼龙身上长着羽毛。

答案：假的。双型齿翼龙等翼龙类虽然身上有皮毛，但更像蝙蝠而不是鸟。它们有着鸟一样的喙，可喙里却有牙齿。

我不知道 风神翼龙比一架滑翔机还要大

它的翼幅约为 10 米，可能是迄今为止所有会利用空中热气流进行滑翔的动物中，体形最大的一种。会飞的爬行动物并不是恐龙，而是翼龙。

始祖鸟是长有翅膀的恐龙，很有可能是鸟类的祖先。

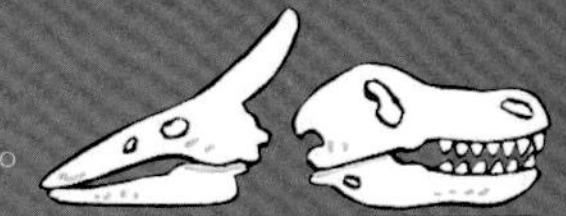

风神翼龙

无齿翼龙从悬崖顶上俯冲下去，捕捉海里的鱼。头冠帮它调整方向。

南翼龙也吃鱼。它的喙里有着滤网一样的结构，所以它在贴着水面飞行时，能成功地网住细小的鱼。

我不知道 恐龙时代真的有海怪

虽然恐龙没有生活在海里，可海里却到处都是巨大的、奇形怪状的、会游泳的爬行动物。它们以吃鱼类和甲壳类动物为生。

薄板龙

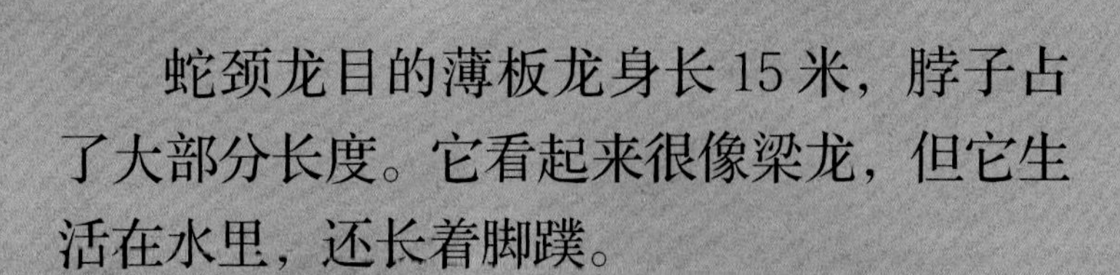

蛇颈龙目的薄板龙身长15米，脖子占了大部分长度。它看起来很像梁龙，但它生活在水里，还长着脚蹼。

古海龟长得和海龟很像，比一艘划艇还要长。

鱼龙是最早期的海栖爬行动物。它们看起来和海豚很像，而且也和海豚一样呼吸空气。你可以从现存化石中找到它们的食物——菊石和箭石。

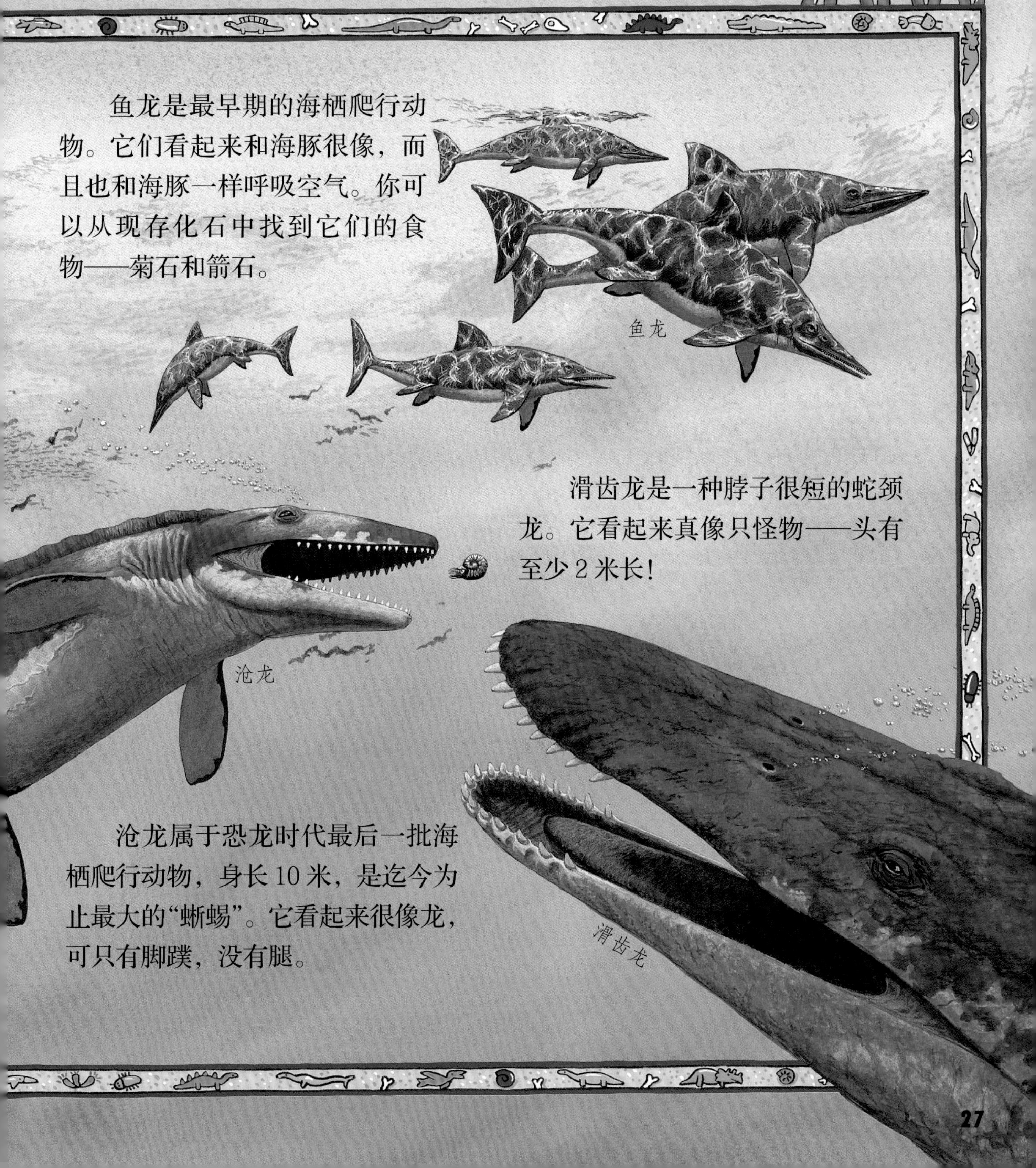

鱼龙

滑齿龙是一种脖子很短的蛇颈龙。它看起来真像只怪物——头有至少 2 米长！

沧龙

沧龙属于恐龙时代最后一批海栖爬行动物，身长 10 米，是迄今为止最大的“蜥蜴”。它看起来很像龙，可只有脚蹼，没有腿。

滑齿龙

有些恐龙身上长着羽毛

1996年，在中国发现了一具长着羽毛的恐龙化石。新的发现刷新了我们对恐龙的认知。想象一下，长着羽毛的恐龙该是多么与众不同呀！

古生物学家把恐龙的碎骨拼成骨骸，然后把骨骸变得有血有肉。他们没办法弄清楚恐龙的颜色，而只能靠猜测。找出你的恐龙模型，然后给它们涂色。你要涂什么颜色？为什么会选这种颜色呢？

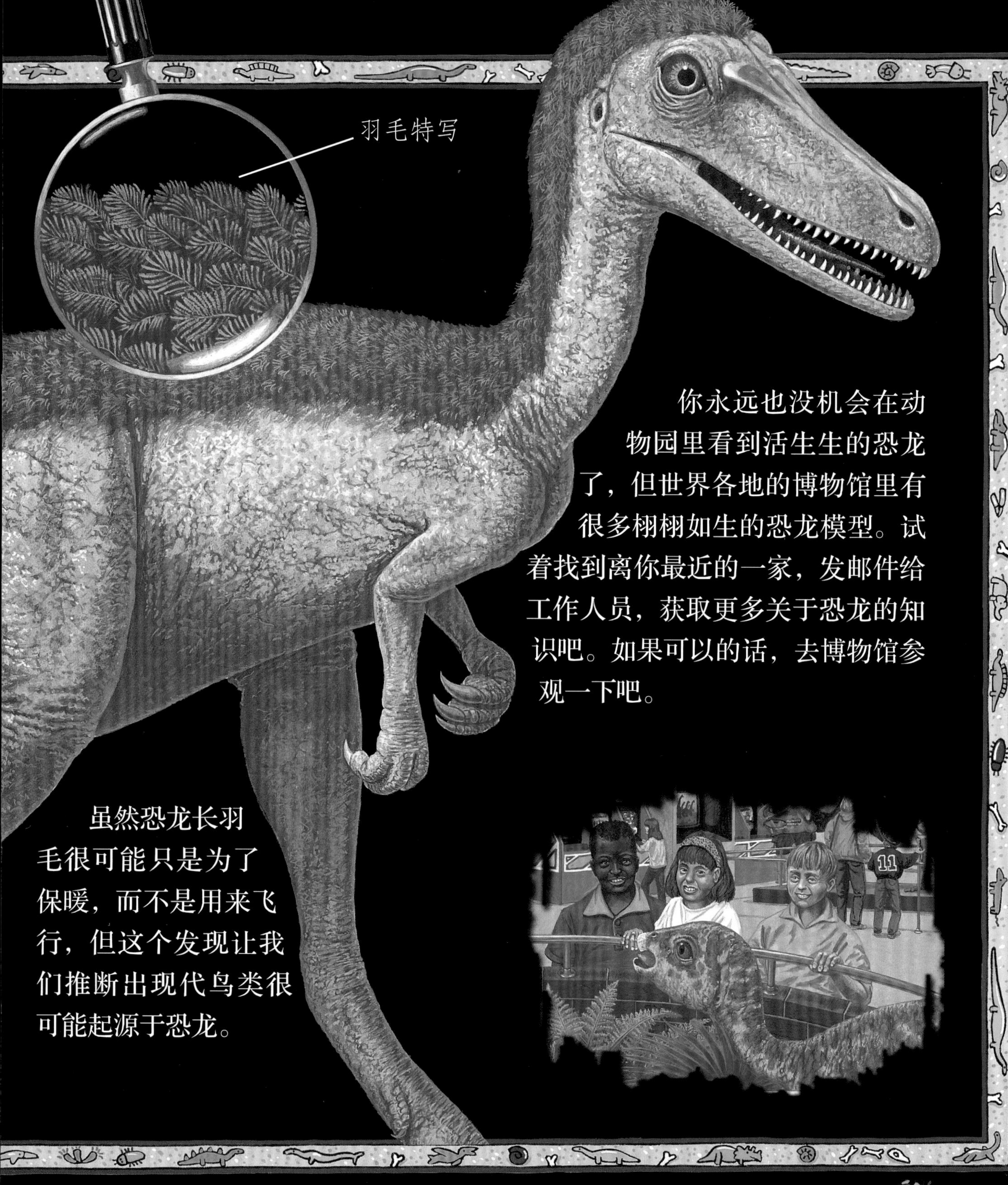

你永远也没机会在动物园里看到活生生的恐龙了，但世界各地的博物馆里有很多栩栩如生的恐龙模型。试着找到离你最近的一家，发邮件给工作人员，获取更多关于恐龙的知识吧。如果可以的话，去博物馆参观一下吧。

虽然恐龙长羽毛很可能只是为了保暖，而不是用来飞行，但这个发现让我们推断出现代鸟类很可能起源于恐龙。

虽然你没有机会看到活生生的恐龙，但是电影里的恐龙镜头会让你一饱眼福。

知识点

沧龙

与西方龙很像的海栖爬行动物，和恐龙生活在同一时代。

古生物学家

研究古代生物的科学家，会研究化石中动植物的残余物。

化石

存留在岩石中的动植物遗迹。通过这些遗迹，人们可以追溯某种植物或动物生活在多少万年前。

箭石

一种史前的箭状贝类，多见于化石中。

角龙

有角恐龙，还拥有一块骨质褶边，用来自我保护。

菊石

一种史前贝类，多见于化石中。

蛇颈龙

海栖爬行动物，有脚蹼，而没有腿，和恐龙生活在同一时代。

兽脚亚目恐龙

一类肉食性恐龙。它们大部分用两足行走。

蜥脚类恐龙

一类脖子和尾巴都很长、有 4 条腿的植食性恐龙。

鸭嘴龙

嘴巴像鸭嘴的恐龙，头上常长有冠饰。

翼龙

一类会飞的爬行动物，和恐龙生活在同一时代。

鱼龙

与海豚很像的海栖爬行动物，和恐龙生活在同一时代。

肿头龙

生活在 6700 万年前的恐龙，头顶肿大，好像长了一个巨瘤。

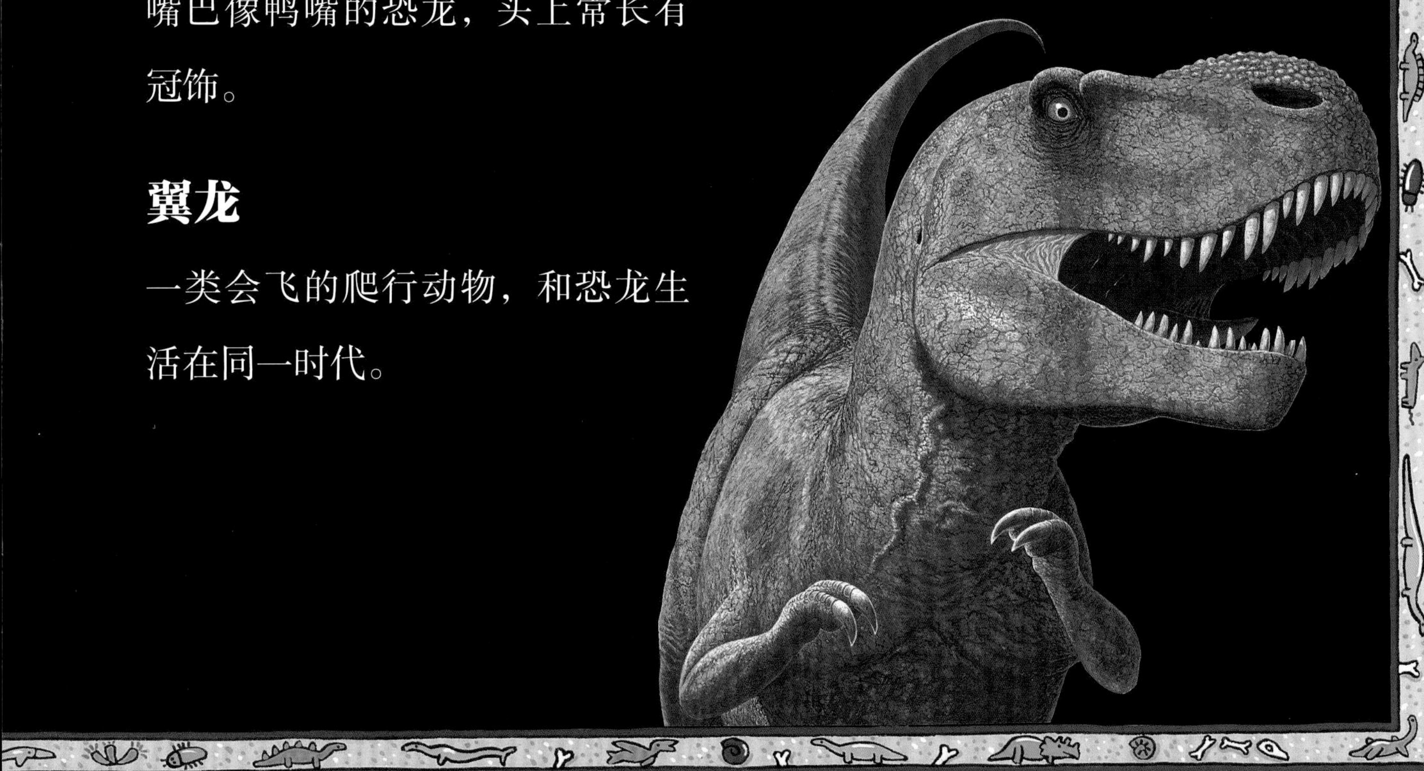

我不知道蜘蛛也上“幼儿园”

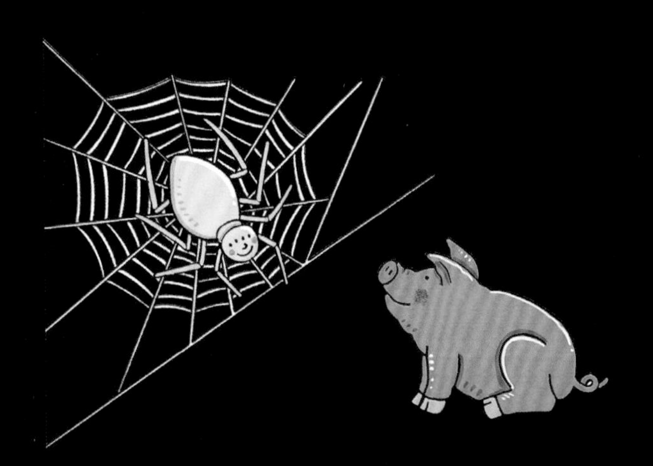

我不知道蜘蛛也上“幼儿园”

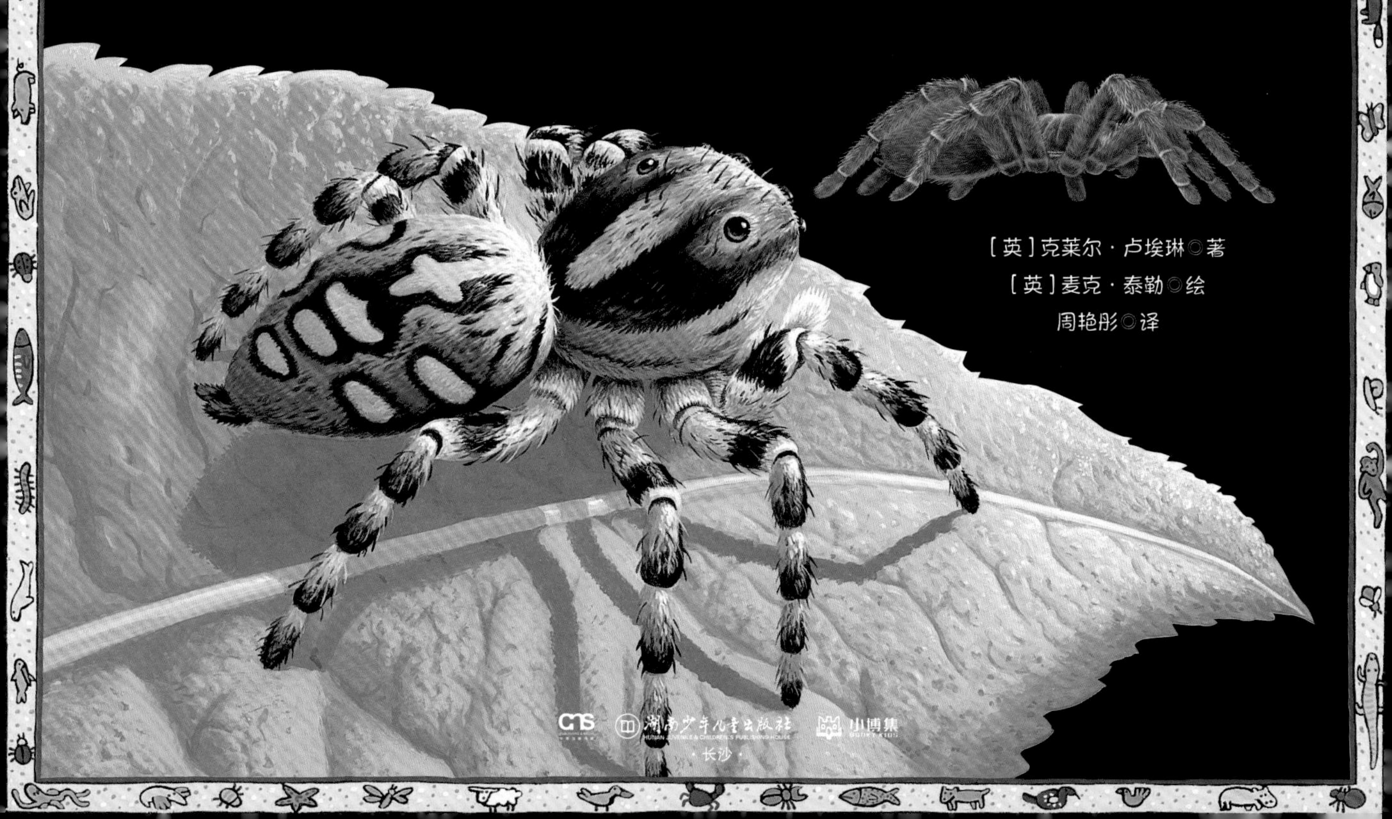

著作权合同登记号：图字 18-2023-259

图书在版编目（CIP）数据

太酷啦！动物的秘密如此多．我不知道蜘蛛也上“幼儿园”／（英）克莱尔·卢埃琳著；（英）麦克·泰勒绘；周艳彤译．-- 长沙：湖南少年儿童出版社，2024.2
ISBN 978-7-5562-7455-0

Ⅰ．①太… Ⅱ．①克… ②麦… ③周… Ⅲ．①动物－儿童读物 Ⅳ．① Q95-49

中国国家版本馆 CIP 数据核字 (2024) 第 013220 号

TAI KU LA! DONGWU DE MIMI RUCI DUO WO BU ZHIDAO ZHIZHU YE SHANG “YOU’ERYUAN”
太酷啦！动物的秘密如此多 我不知道蜘蛛也上“幼儿园”

［英］克莱尔·卢埃琳◎著 ［英］麦克·泰勒◎绘 周艳彤◎译

监　　制：齐小苗
责任编辑：张　新　蔡甜甜
策划编辑：盖　野　徐耀华
营销编辑：刘子嘉
策　　划：童立方·小行星
封面设计：马俊嬴
版式设计：马俊嬴
排　　版：马俊嬴

出 版 人：刘星保
出　　版：湖南少年儿童出版社
地　　址：湖南省长沙市晚报大道 89 号
邮　　编：410016
电　　话：0731-82196320
常年法律顾问：湖南崇民律师事务所 柳成柱律师
经　　销：新华书店
开　　本：889 mm×995 mm 1/16
字　　数：18 千字
版　　次：2024 年 2 月第 1 版
书　　号：ISBN 978-7-5562-7455-0
印　　刷：北京尚唐印刷包装有限公司
印　　张：2
印　　次：2024 年 2 月第 1 次印刷
定　　价：198.00 元（全 12 册）

若有质量问题，请致电质量监督电话：010-59096394　团购电话：010-59320018

你知道吗？有些蜘蛛跟你的脸一样大；有些蜘蛛甚至可以活28年；蝎子和蜘蛛是亲戚，它们都是蛛形纲动物……

快来认识各种蜘蛛和其他蛛形纲动物，了解它们如何捕食，捕食哪些动物，生活在哪里以及如何保护自己，等等，一起探索蜘蛛世界的奥秘吧！

注意这个图标，它表明这一页上有一个好玩的小游戏，快来一试身手！

真的还是假的？看到这个图标，说明要做判断题喽！记得先回答，再看答案。

别忘了读一读页边上的蛛形纲动物小百科！

我不知道 蜘蛛有 8 条腿

蜘蛛有 4 对步足，蝎子、盲蜘蛛、螨虫等所有蛛形纲动物都有 4 对步足。想要辨别蛛形纲动物和昆虫，数一数它们的腿就行了，因为昆虫只有 6 条腿。

找一找
你能找到这只昆虫吗？

红螨

希腊神话中，有一个叫阿拉克涅的姑娘，她非常擅长纺织，这引起了雅典娜女神的嫉妒。雅典娜女神竟然将阿拉克涅变成了一只蜘蛛。可怜的阿拉克涅如今只能织网了！

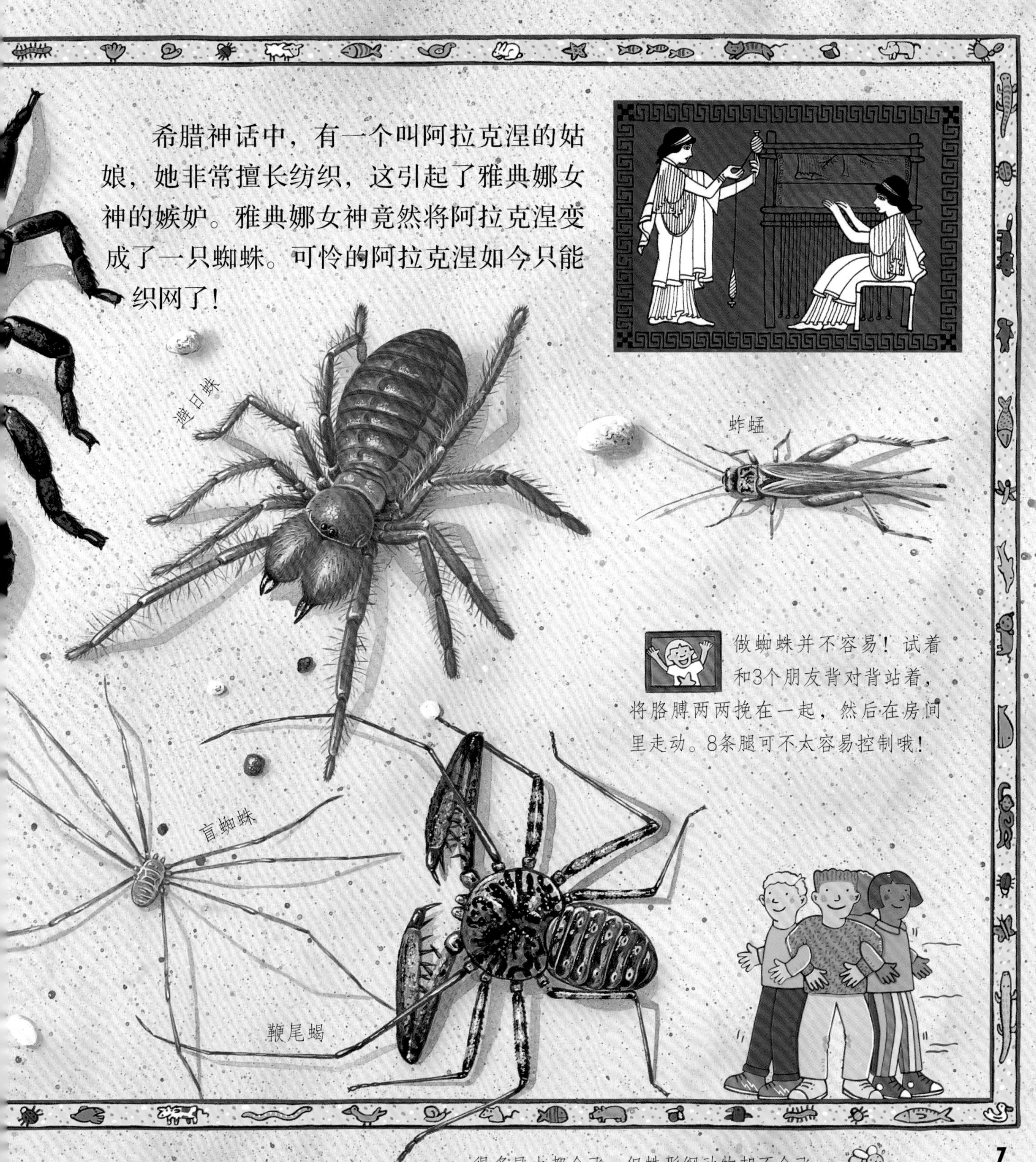

做蜘蛛并不容易！试着和3个朋友背对背站着，将胳膊两两挽在一起，然后在房间里走动。8条腿可不太容易控制哦！

很多昆虫都会飞，但蛛形纲动物却不会飞。

蜘蛛在蜕皮的过程中，有时会断一条腿。

我不知道 大多数蜘蛛有8只眼睛

这8只眼睛长在头胸部的最前端。尽管如此，蜘蛛的视力仍然很差，它们用腿来感知方向。

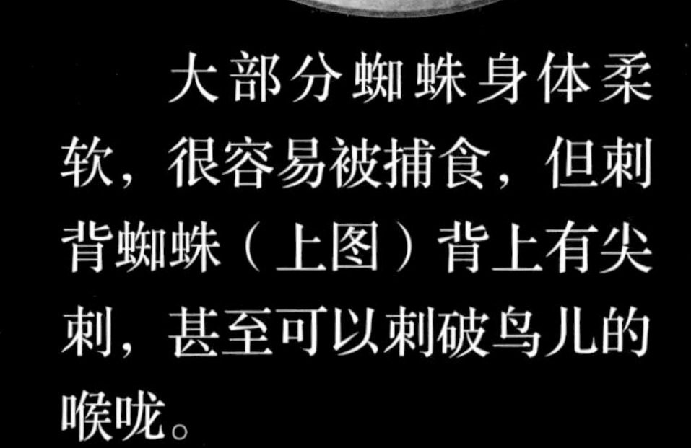

大部分蜘蛛身体柔软，很容易被捕食，但刺背蜘蛛（上图）背上有尖刺，甚至可以刺破鸟儿的喉咙。

捕鸟蛛蜕下的皮

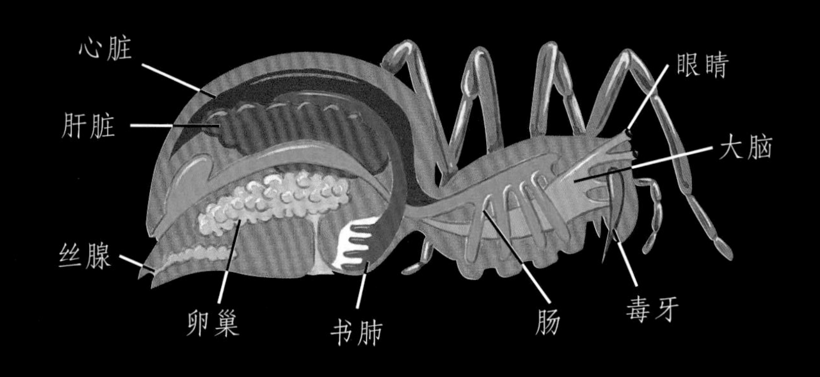

蜘蛛的身体分为头胸部和腹部两部分，由腹柄连接起来。前一部分有大脑、眼睛、颌和附肢，后一部分有心脏、消化器官、生殖器官和呼吸器官。

真的还是假的?

蜘蛛没有骨头。

答案：真的。蜘蛛虽然没有骨头，但是有外骨骼。这是一套坚硬的盔甲，保护蜘蛛的内脏，但它不能随着蜘蛛身体的生长而变大。蜘蛛越长越大，外骨骼逐渐破裂，逐渐蜕掉旧表皮。旧表皮之下，开始长出一层更大的新的外骨骼。

印度华丽雨林蛛

大型蜘蛛一生中会蜕皮 10 余次。

我不知道

蜘蛛每天都会织一张新网

旧网很容易破裂和失去黏性，所以蜘蛛总是在织新网。蜘蛛网能为蜘蛛捕捉猎物，因此是蜘蛛生存的必需品，而且蜘蛛网必须保持在最佳状态。

找一找

你能找到5只被困在蜘蛛网里的昆虫吗？

1306年，苏格兰国王罗伯特一世在战争中被英格兰击败。他逃到一个谷仓中，看到一只蜘蛛在织网。蜘蛛屡屡失败而不放弃，最终织好了网。蜘蛛的坚持打动了国王，使他大受鼓舞，他重新回到战场上，最终打败了英格兰。

把一个蜘蛛网里的丝伸展开来，会有一个网球场那么长。

人们受蜘蛛网的启发，发明了渔网。

丝是由蜘蛛体内的丝腺分泌的。这些丝刚开始像浆一样，从吐丝器中喷射出去后，丝浆就变成了细丝。

当有猎物被蜘蛛网粘住时，蜘蛛会快速爬过去用毒液将猎物麻痹，然后吐出黏黏的蜘蛛丝将其缠住。有时，蜘蛛会留着猎物，待会儿再享用。

几百年前，人们把蜘蛛网缠在伤口上，认为它可以帮助止血。这其实是错的，把蜘蛛网缠在伤口上只会让伤口变脏。

我不知道 有些蜘蛛生活在水下

水蛛生活在湖水和池塘中，但并不能在水下直接呼吸。它们在水下编织一个钟罩形的网，用身上的细毛捕捉水面的气泡，再把这些气泡带到网的下面，使网中充满空气。

将玻璃杯倒置在一盆水中，再把吸管的一端伸到玻璃杯口下，从另一端向杯子里吹气。仔细观察，当气泡被收集到杯子里面时，杯子中的水是怎样被挤出去的。水蛛就是用这种方法把空气收集到网中的，这样它就能在水下呼吸了。

 有些蜘蛛静静地待在自己的网中，希望能有蝌蚪自投罗网。

皿网蛛的网（下图）悬挂的样子像一张蹦床。在“蹦床”上面，皿网蛛织了许多笔直的丝线。昆虫一头撞到笔直的丝线上，然后掉到下面的“蹦床”上。

我不知道

有些蜘蛛会跳出来突然袭击

活板门蛛在地里挖洞穴，洞穴口有一个可以开合的暗门。活板门蛛就躲在暗门后面，等待着机会突袭经过的其他小动物。

流星锤蜘蛛（左图）挥舞着一根尾端有黏液的特殊丝线。黏液含有特殊的香味，吸引飞蛾前来。一旦飞蛾的翅膀被粘住，它将成为流星锤蜘蛛的美餐。

撒网蛛（右图）织出一张网后，把自己倒挂在一根蛛丝上，用两对前足撑起蛛网并静静等待。当昆虫经过时，它就用网将其裹起来。

流星锤蜘蛛因蛛丝末端的黏液像锤子而得名。

我不知道 有些蜘蛛会喷口水

花皮蛛（又名喷液蛛）不织网，而是从毒牙中喷出一股有黏性的胶状液体。黏液将昆虫完全裹住，使其困在原地无法逃走。

花皮蛛

真的还是假的？

许多游猎蜘蛛会用“安全绳”。

答案：真的。和攀岩者一样，为了防止摔下去，许多蜘蛛也会在身上系一根丝线。这根丝线也方便它们逃之夭夭。

水涯狡蛛用脚在水面上轻拍，引诱并捕食小鱼和蝌蚪。小鱼游到蜘蛛下方，以为遇到了一只美味的小飞虫，不料却被水涯狡蛛的一对螯肢抓住。

跳蛛像猫一样悄无声息地接近猎物，然后猛地跳起来发起攻击。跳蛛最前面的两只眼睛视力很好，可以预估出它们需要跳跃的距离。

捕猎顺利时，一只狼蛛一天可以吃掉15只昆虫。

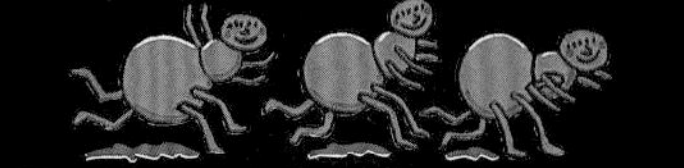

我不知道 蜘蛛有毒牙

和蛇一样，蜘蛛用毒液来保护自己、捕食猎物。蜘蛛将毒牙刺进猎物体内，稳住挣扎的猎物后，将毒液注入猎物体内。

找一找

你能找到这只逃过一劫的昆虫吗？

蜘蛛不能像我们一样在体内消化食物，所以向猎物注入一种特殊的消化酶，使其分解成汁液，以便于直接吸食。

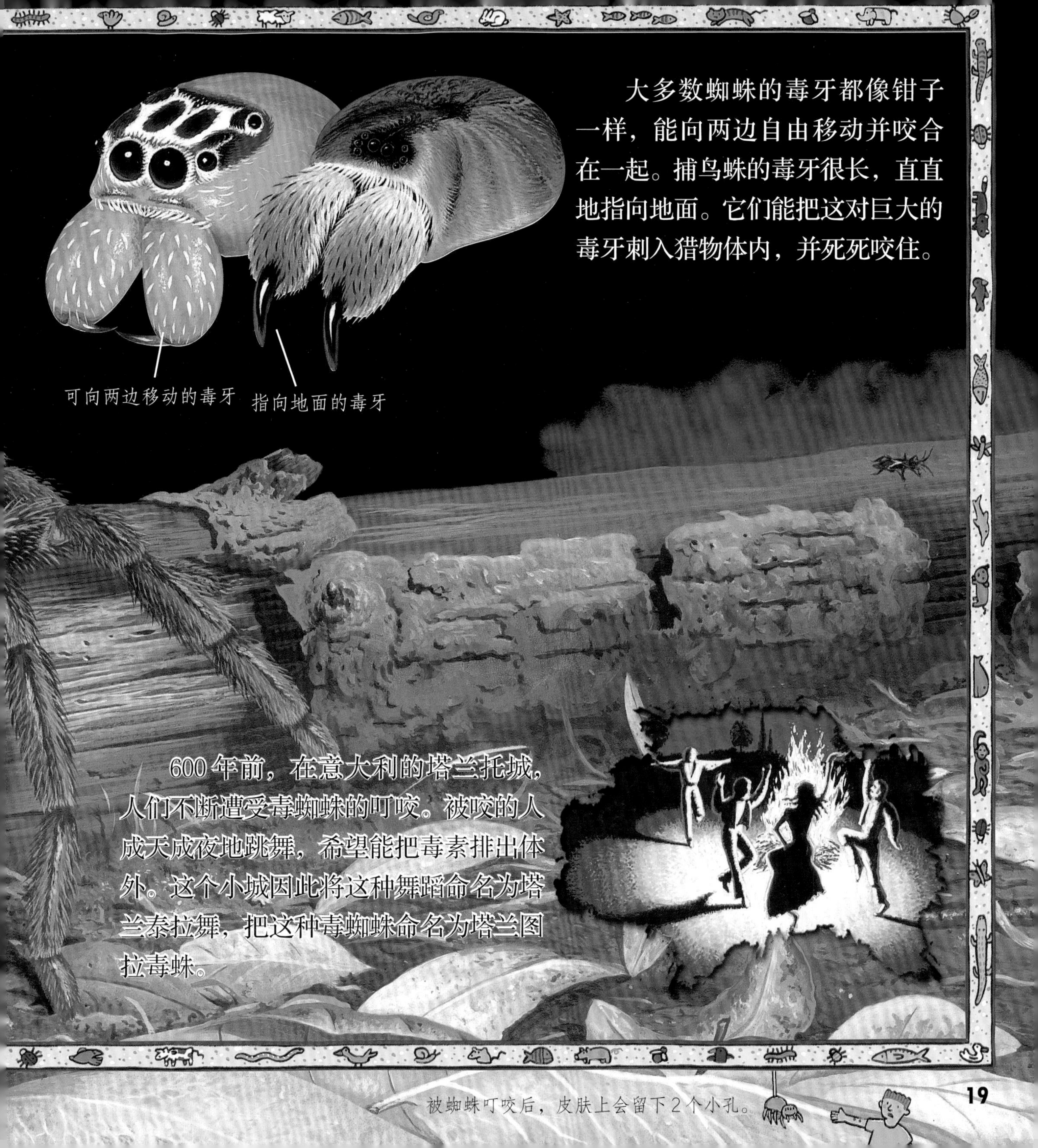

大多数蜘蛛的毒牙都像钳子一样，能向两边自由移动并咬合在一起。捕鸟蛛的毒牙很长，直直地指向地面。它们能把这对巨大的毒牙刺入猎物体内，并死死咬住。

600 年前，在意大利的塔兰托城，人们不断遭受毒蜘蛛的叮咬。被咬的人成天成夜地跳舞，希望能把毒素排出体外。这个小城因此将这种舞蹈命名为塔兰泰拉舞，把这种毒蜘蛛命名为塔兰图拉毒蛛。

被蜘蛛叮咬后，皮肤上会留下 2 个小孔。

我不知道 有些蜘蛛在求爱时会跳舞

在尝试与雌蛛交配前，雄性跳蛛跳着舞并用后足立地腾跃，挥舞五彩斑斓的前足。雌性跳蛛非常危险，需要好好安抚。雄蛛的这支舞是在告诉雌蛛自己是友好的，没有敌意。

真的还是假的？

雌性黑寡妇蜘蛛会吃掉自己的配偶。

答案：真的。雌性黑寡妇蜘蛛的体形比雄性的更大，性格也更为凶猛。在交配后，雄性黑寡妇蜘蛛需要赶快逃跑，不然会被雌性黑寡妇蜘蛛吃掉。

雄性结网蜘蛛落到雌蛛的网上，拨弄网上的蛛丝向雌蛛进行自我介绍。它发出求偶信号，吸引雌蛛前来与它见面。

有些雄蛛会将死虫子作为礼物送给雌蛛，以打动其芳心。

我不知道 蜘蛛有“幼儿园”

在卵孵化出来前，盗蛛织出一个丝质帐篷，小小的蜘蛛宝宝安全地待在里面，蜘蛛妈妈则在周围巡视站岗。

幼蛛孵化出来后，它们还是离不开父母的保护。

真的还是假的？

幼年蜘蛛会飞。

答案：假的。幼蛛不会飞，只不过它们会吐出一根丝，借助这根丝在空中飞行。这种现象被称为“随风飘荡”。随风飘荡是有风险的，但这是幼蛛从网中四散到别处的一个好方法。

蝎子（上图）天生就是很好的母亲，它们将幼崽背在背上，保护它们远离危险。

绝大部分蜘蛛将卵产在一个丝质卵袋中，然后藏在安全的地方。但是狼蛛会随身携带卵袋，直到卵孵化出幼蛛。

狼蛛

我不知道 有些蜘蛛会变色

蟹蛛是伪装大师，可以根据周围的环境改变自身的颜色。大多数蜘蛛在花朵中很容易被发现，但蟹蛛用这种聪明的招数，轻易就能隐藏在花朵中。

当受到威胁时，有些捕鸟蛛（右图）会把背上带钩的细毛用腿扫射下来。一旦这些锋利的细毛粘在敌人的皮肤上，便会使敌人感到又痒又痛。

真的还是假的？

有些蜘蛛会伪装成蚂蚁。

答案：真的。有些蜘蛛看起来很像蚂蚁，不过它们多了2条腿！这是一个很好的伪装手段，因为蚂蚁会叮咬，许多动物都会离得远远的，不敢靠近它们。

蚁蛛属蜘蛛

我不知道 蜘蛛的天敌是胡蜂

雌性沙漠蛛蜂用狼蛛来喂养幼虫。

雌蜂攻击、叮咬和麻痹比自己还大的狼蛛，然后将其拖进洞里，在它们身上产下一枚卵。

蜘蛛柔软且美味，有很多天敌，如哺乳动物、鸟、蜥蜴、蚂蚁、甲虫和蝎子，甚至还有其他蜘蛛！

许多农民在田里喷洒化学农药杀死害虫，但同时也杀死了蜘蛛。遗憾的是，蜘蛛捕食很多种类的害虫，其实是农民的朋友。

金轮蜘蛛在逃跑时，可以变身“轮子”滚下沙丘。

我不知道

有些蜘蛛比这页纸还要大

世界上最大的蜘蛛是亚马逊巨人食鸟蛛，体形最长可达 30 厘米。世界上最小的蜘蛛是巴图迪古阿蜘蛛，小到放 10 只这种蜘蛛在你的铅笔头上都绰绰有余。

巴图迪古阿蜘蛛

世界上最有魅力、最聪明的蜘蛛叫夏洛，她是美国作家怀特《夏洛的网》中的主角。夏洛生活在一个农场里，用自己的聪明才智拯救了好朋友小猪威尔伯的性命。

有一种蜘蛛生活在珠穆朗玛峰的山顶附近。

有些雌性捕鸟蛛的最长寿命可达 28 岁。

有些人害怕蜘蛛，因为他们患有一种名为蜘蛛恐惧症的心理疾病。他们会自动回避《小魔星》（上图）这样的恐怖电影，实际上这类电影也不适合他们观看。

悉尼漏斗网蛛是世界上毒性最强的蜘蛛之一，它生活在澳大利亚。对灵长目动物和昆虫等动物来说，它的毒液是致命的。但对于很多其他哺乳动物来说，它的毒液没有什么作用。

亚马逊巨人食鸟蛛

知识点

哺乳动物

像长颈鹿这样的生物，胎生，用乳汁哺育幼崽。

毒牙

蜘蛛长长的、钳状的身体结构，用来注射毒液。

毒液

蜘蛛咬住猎物后，向猎物体内注射的有毒液体。

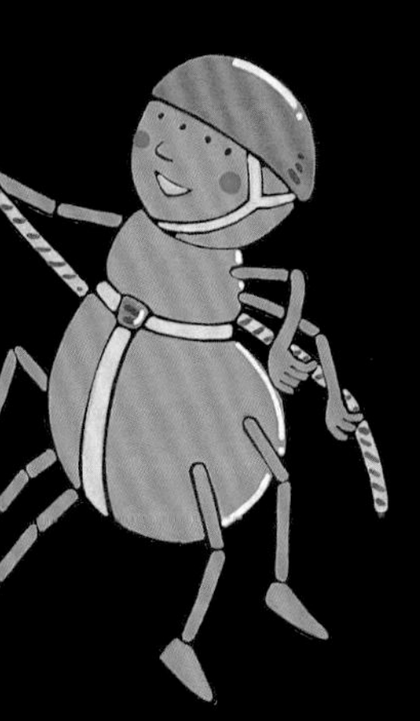

昆虫

有 6 条腿，身体由头、胸、腹三大部分组成的动物。

灵长目动物

人类、类人猿和猴子都属于灵长目动物。

麻痹

使动物的身体无法动弹。蜘蛛通过向猎物注射毒液来麻痹猎物。

器官

身体中特定用途的某一部分，如眼睛是看东西的器官，耳朵是听声音的器官。

生殖

动物产下后代的方式。

吐丝器

蜘蛛腹部有许多管状构造，吐丝器便是其中一个，用于喷射出织网的丝。

外骨骼

蜘蛛体表的一层坚硬保护外壳。

伪装

动物身上的颜色和斑点，可以帮助它们与周围的环境融为一体，使其很难被猎物发觉。

腺

指蜘蛛体内分泌某些特殊物质的组织，比如丝或毒液。

消化

动物或人体的消化器官把食物分解成可以被身体吸收的营养的过程。

（蜘蛛）随风飘荡

蜘蛛从蛛网中分散开来的一种方法，它们吐出一根蛛丝，借风势在空中飘荡。

蛛形纲动物

像蜘蛛这样有 8 条腿的动物。

我不知道

猎豹

跑得和汽车
一样快

太酷啦！动物的秘密如此多

我不知道猎豹跑得和汽车一样快

［英］克莱尔·卢埃琳◎著
［英］皮特·巴雷特◎绘
乐玉婷◎译

CNS
湖南少年儿童出版社
HUNAN JUVENILE & CHILDREN'S PUBLISHING HOUSE
小博集
BOOKY KIDS
·长沙·

著作权合同登记号：图字 18-2023-259

图书在版编目（CIP）数据

太酷啦！动物的秘密如此多．我不知道猎豹跑得和汽车一样快 /（英）克莱尔·卢埃琳著；（英）皮特·巴雷特绘；乐玉婷译．-- 长沙：湖南少年儿童出版社，2024.2
ISBN 978-7-5562-7455-0

Ⅰ．①太… Ⅱ．①克… ②皮… ③乐… Ⅲ．①动物－儿童读物 Ⅳ．①Q95-49

中国国家版本馆 CIP 数据核字 (2024) 第 013219 号

TAI KU LA! DONGWU DE MIMI RUCI DUO WO BU ZHIDAO LIEBAO PAO DE HE QICHE YIYANG KUAI
太酷啦！动物的秘密如此多 我不知道猎豹跑得和汽车一样快

[英] 克莱尔·卢埃琳◎著 [英] 皮特·巴雷特◎绘 乐玉婷◎译

监　　制：齐小苗
责任编辑：张　新　蔡甜甜
策划编辑：盖　野　徐耀华
营销编辑：刘子嘉
策　　划：童立方·小行星
封面设计：马俊赢
版式设计：马俊赢
排　　版：马俊赢

出 版 人：刘星保
出　　版：湖南少年儿童出版社
地　　址：湖南省长沙市晚报大道 89 号
邮　　编：410016
电　　话：0731-82196320
常年法律顾问：湖南崇民律师事务所 柳成柱律师
经　　销：新华书店
开　　本：889 mm×995 mm 1/16
印　　刷：北京尚唐印刷包装有限公司
字　　数：18 千字
印　　张：2
版　　次：2024 年 2 月第 1 版
印　　次：2024 年 2 月第 1 次印刷
书　　号：ISBN 978-7-5562-7455-0
定　　价：198.00 元（全 12 册）

若有质量问题，请致电质量监督电话：010-59096394　团购电话：010-59320018

你知道吗？小猫咪不会咆哮，一个大狮群里能有 35 头狮子，老虎可是游泳健将……

快来认识各种大型猫科动物，从喜马拉雅山上的雪豹，到南美洲的美洲虎，一起去探索它们的奇妙趣事吧！

注意这个图标，它表明这一页上有一个好玩的小游戏，快来一试身手！

真的还是假的？看到这个图标，说明要做判断题喽！记得先回答，再看答案。

别忘了读一读页边上的猫科动物小百科！

我不知道 狮子和家猫是近亲

它们非常漂亮，都有漂亮的皮毛、尖尖的耳朵和长长的胡须。狮子和家猫都属于猫科动物，它们的行为方式有很多相似之处。

世界上有三十余种已知的猫科动物，大致可以分为4大群体：大型猫科动物、小型猫科动物、云豹和猎豹（上图）。猎豹被单列为一个群体，是因为它跑得很快，而且爪子不能伸缩。

家猫是唯一能和人类愉快相处的猫科动物。

剑齿虎用长长的牙齿刺伤猎物，然后等着猎物死去。它们生活在约 250 万年前，在冰川期结束时走向了灭绝。

我不知道 大型猫科动物都是顶级捕食者

它们的捕猎菜单上有许多种动物，如野猪、斑马和鹿等，但它们不会捕食同类。大型猫科动物是站在食物链顶端的动物。

猫科动物的舌头上布满了小小的角状尖刺，称为倒刺。这能帮助它们剔除猎物骨头上的残肉。

老虎还喜欢吃螃蟹、青蛙和鱼。

狮子有强壮的头骨和发达的肌肉，它的下颚强劲有力，能造成致命的咬伤。它锋利的犬齿能轻而易举地刺伤猎物，锯齿状的裂齿能把肉撕成小块。

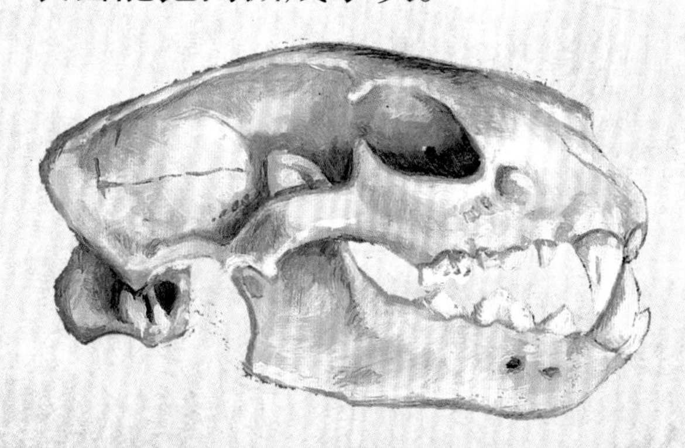

真的还是假的？

狮子必须每天进食。

答案：假的。狮子通常猎杀大型动物，一餐吃掉大量的肉，之后过几天才再次狩猎和进食。

在所有猫科动物中，老虎的牙齿最长。

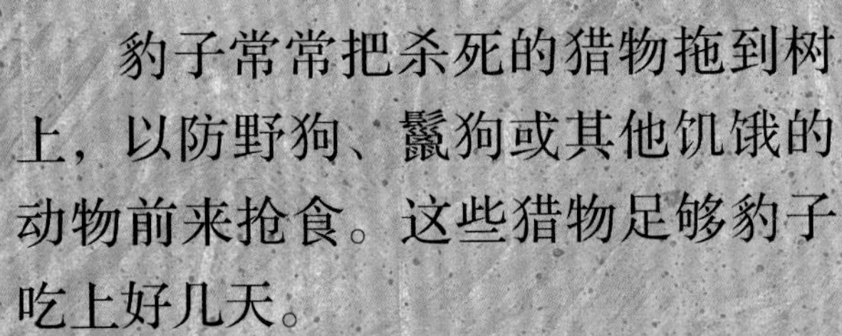

豹子常常把杀死的猎物拖到树上，以防野狗、鬣狗或其他饥饿的动物前来抢食。这些猎物足够豹子吃上好几天。

我不知道

老虎是独来独往的捕食者

它悄悄接近猎物，在发起致命攻击前不断地潜近。猫科动物的眼睛都位于头部正前方，这能帮助它们准确地判断距离。

真的还是假的？

猫科动物的眼睛能反射亮光。

答案：真的。光线进入照膜后再被反射出去，增强了昏暗背景中的亮度，所以就这样反射出了亮光。

猫科动物能在夜间看见物体。大大的瞳孔能尽可能多地接收光线，光线进入眼内，再被一种叫照膜的结构反射后加强。照膜是眼睛视网膜后面的一层特殊反射层。

猫科动物有锋利、带钩的爪子，能轻易抓住猎物并将其撕开。它们的爪子可以收在脚掌之下，平时只用柔软的肉垫悄无声息地行动。

我不知道 猎豹跑得和汽车一样快

它是地球上奔跑得最快的陆地动物。短距离内，它的速度能达到每小时 100 千米。它长长的爪子就像运动员的跑鞋，能稳稳地抓住地面，防止打滑。

猫在坠落时能在空中翻转，所以总是脚先着地。猫灵活的四肢和柔软的脊椎能形成缓冲，所以即使从很高的地方摔下来，它通常也不会受伤。

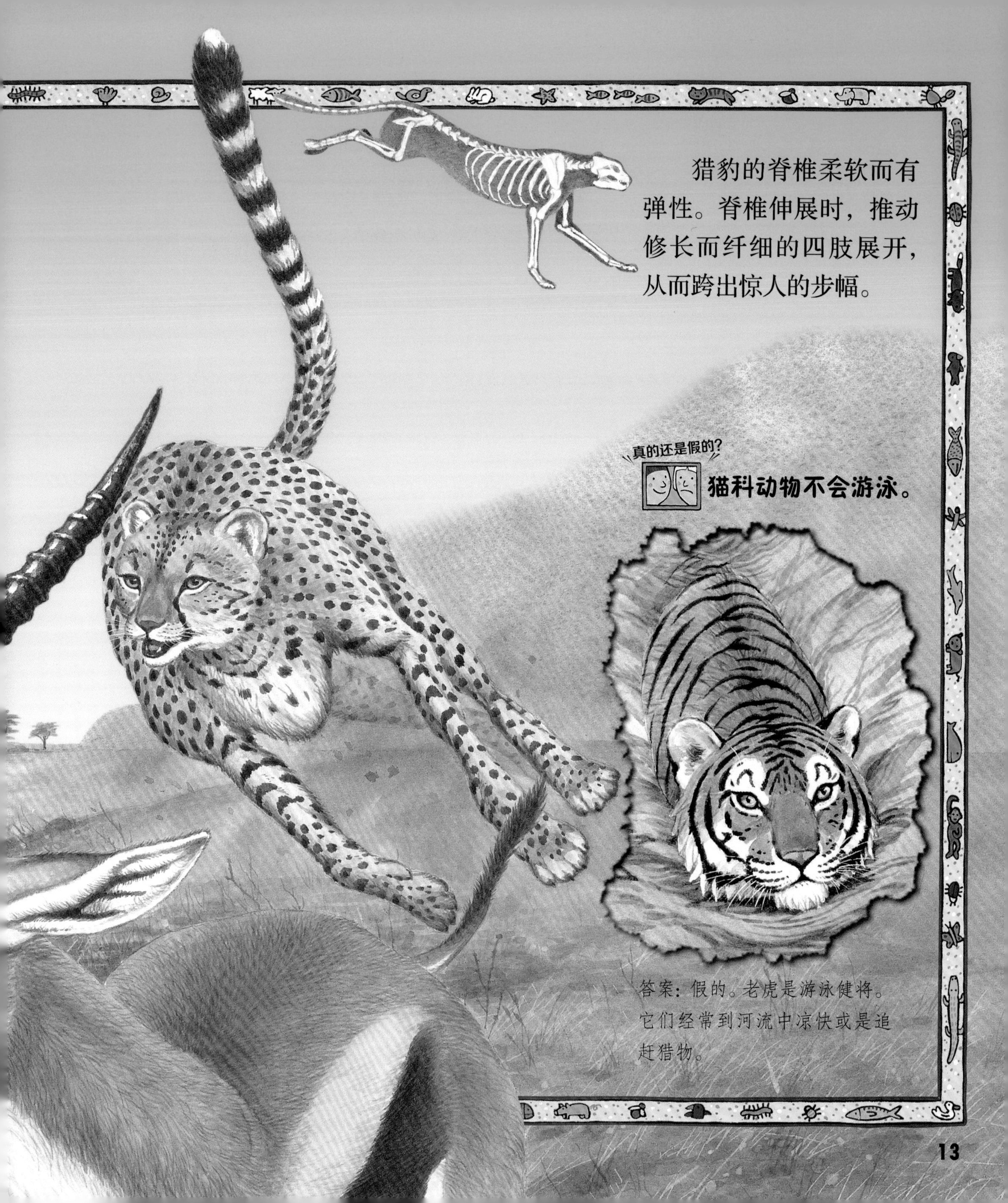

猎豹的脊椎柔软而有弹性。脊椎伸展时，推动修长而纤细的四肢展开，从而跨出惊人的步幅。

真的还是假的?

猫科动物不会游泳。

答案：假的。老虎是游泳健将。它们经常到河流中凉快或是追赶猎物。

真的还是假的？

黑豹身上没有斑点。

答案：假的。虽然黑豹身披黑色皮毛，但在明亮的地方，你还是能看见它们身上的斑点。

我不知道 有些猫科动物身穿“丛林迷彩服”

美洲豹生活在炎热而潮湿的南美洲雨林中。它们皮毛上的斑点是最完美的伪装。在捕猎时，它们的皮毛与雨林中斑驳的光影混合在一起，不容易被猎物发现。

老虎生活在草原和森林中。身上的条纹帮助它藏身于高高的草丛和光影变幻的森林中。

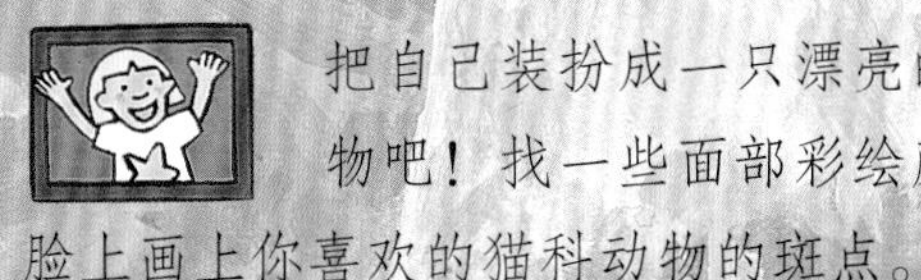

把自己装扮成一只漂亮的猫科动物吧！找一些面部彩绘颜料，在脸上画上你喜欢的猫科动物的斑点。

我不知道

幼狮身上有斑点

刚出生的小狮子身上有一层毛茸茸的厚毛，上面分布着黑色的斑点。这些斑点是很好的伪装，当母狮外出捕猎时，幼狮藏身在灌木丛中，因身上有斑点而不容易被察觉。母狮先给自己填饱肚子，再给幼狮喂奶。

真的还是假的？

母狮会用嘴叼着幼狮。

答案：真的。母狮会轻轻地咬住幼狮脖子周围松软的毛发，将其叼在嘴里。

母狮通常一胎产2到4只幼崽。

幼狮大部分时间都在玩耍中度过。它们相互打闹、追逐或是偷偷咬住母狮摆动的尾巴。这是它们学习捕猎的好方法。

猎豹幼崽在6周大的时候开始吃肉。从这时开始，猎豹母亲的狩猎强度大大增加，需要猎杀比它平时多一倍的猎物。

真的还是假的？

英格兰国王理查一世被称为“狮心王”。

答案：真的。理查一世（1157 年 ~1199 年）被称为“狮心王”，是因为他是一位勇敢的战士。

我不知道

狮子是唯一群居的猫科动物

大多数猫科动物独来独往，而狮子生活在狮群里。每个狮群有 1~2 头公狮，5~6 头母狮和一群幼狮。

找一找

你能找到 5 头幼狮吗？

一个较大的狮群中可能有 35 头不同年龄的狮子。

狮群在自己的领地内生活和狩猎。雄狮用尿液或者粪便标记边界，保卫自己的领地，攻击胆敢入侵的其他陌生狮子。

雌性狮子从出生到死亡都待在同一个狮群里。因此，同一个狮群中的雌狮通常都有亲缘关系。它们可能是姐妹或表姐妹，会互相帮忙照看彼此的幼狮，甚至哺乳。

狮子通过相互磨蹭和舔舐来扩散自己的气味。

只有一些大型猫科动物会咆哮

小型猫科动物能发出呼噜声，但不会咆哮。狮子、老虎、豹子和美洲虎会咆哮。猎豹不会咆哮。大型猫科动物常常在黎明和黄昏时分咆哮，警告其他猫科动物远离自己的领地。

狮子的咆哮声非常大——即使在8千米外仍然可以听见。

和许多猫科动物一样，猎豹用气味标记自己的领地。它背对着树，把尿液撒在树干上。这是猫科动物告诉陌生者“请勿接近”的方式。

想让宠物猫发出呼噜声，你只需轻轻地抚摸它。猫咪在得到满足时会发出呼噜声，母猫给小猫喂奶时也会这样。

真的还是假的？

狮子把尾巴当作旗帜。

答案：真的。在深草丛中捕猎时，领头的狮子会竖起毛茸茸的尾巴，方便其他狮子跟上自己。

我不知道

有些猫科动物会穿“雪地靴”

数量稀少的雪豹生活在高高的喜马拉雅山脉上。冬天来临时，它们的爪子上会长出厚厚的皮毛，使脚掌变得更加宽大，以防自己陷入雪中。

美洲狮（上图）生活在北美洲的山谷丛林中，那里的冬季十分寒冷。追捕北美野兔时，美洲狮厚大的脚掌支撑着身体在冰雪山坡上保持平衡。它还会捕猎麋鹿和羊。

雪豹能一跃跳过宽阔的山涧。

猞猁（右图）在针叶林中越冬，以躲避最糟糕的天气。它们虽然是体形稍小的猫科动物，却有着毛茸茸的大爪子。

真的还是假的？

老虎只生活在热带地区。

答案：假的。西伯利亚虎生活在冰天雪地的西伯利亚地区，体形比热带地区的老虎更大，它们有厚且蓬松的皮毛。

猫科动物都有两层皮毛：一层柔软，紧贴着皮肤，用来保暖；另一层是体表的粗毛，用来隔绝潮气。

狞猫（左图）生活在非洲和西南亚的干草原和半沙漠地带。它是捕鸟高手，能跳到空中用爪子抓住鸟儿。

我不知道 有些猫科动物会抓鱼

生活在印度和东南亚的渔猫能用爪子把鱼从水里捞出来。它甚至还能潜入水中，用嘴巴抓鱼。

小型猫科动物不会咆哮。

北美洲的短尾猫（右图）白天待在巢穴里，晚上出来狩猎。它是最小的猫科动物之一，有一根短短的尾巴。

真的还是假的？

猫曾被人类视若神明。

答案：真的。在古埃及，女神巴斯特以猫的形象出现。因此，在古埃及人眼中，所有的猫都是神圣的。

我不知道 狮子有时候会攻击人类

年老、受伤或是生病的狮子跑得很慢，捕捉不到猎物。最终，饥饿和疾病可能驱使它们来到村庄，攻击村民。这种情况很严重，但是很少发生。

找一找

你能找到这个拿枪的人吗？

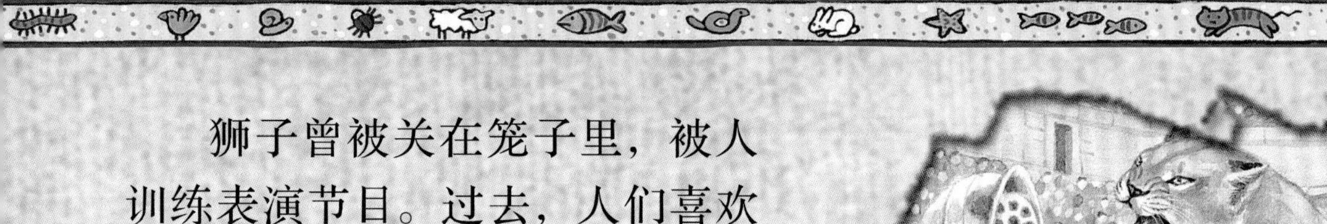

狮子曾被关在笼子里，被人训练表演节目。过去，人们喜欢看见大型动物被驯服，这在现在已经不常见了。

古罗马时期，基督徒和罪犯被迫在公众面前与狮子进行打斗。这一定是血淋淋的表演。

饥饿的老虎通常从人的背面发起攻击。为了防止被偷袭，印度的森林工人会把面具戴在后脑勺上。

我不知道 有些老虎戴项圈

在尼泊尔的国家野生动物园里，老虎都戴上了特殊的项圈，用来发射无线电信号。通过追踪这些信号，科学家可以跟踪老虎，了解它们的行为方式。

濒危动物不会说话，但是你可以为它们发声。加入一个野生动物保护组织，或是为保护大型猫科动物的活动设计一张海报吧！

19 世纪末，狩猎老虎成了一项运动。这在今天是违法的，但仍有偷猎者射杀老虎，出售它们的骨头和加工品，从而获利。

许多猫科动物都面临着灭绝的危险，它们的兽皮一直都是偷猎者的目标。这些兽皮最终会被制成毯子和外套，销往世界各地。

知 识 点

冰川期

200 万年前到 1 万年前的一段时间，地球上大部分地区都被冰层覆盖。

家猫

宠物猫。

鬣狗

生活在非洲和亚洲的一种食腐肉的动物，长得像狗。

领地

猫科动物把一块区域看作是自己的，防止其他动物入侵。

尿液

从身体中排出的液体，气味刺鼻。

热带地区

热带地区是世界上最温暖的地区，位于赤道的南北两侧。

山涧

一种陡而窄的峡谷，两边都是峭壁。

食物链

表示生物之间的摄食关系的一种序列。食物链中的每个“环节”都会被上一个吃掉。比如：斑马吃草，狮子吃斑马。

伪装

动物身上的颜色和斑点，可以帮助它们与周围的环境融为一体，使其很难被猎物发觉。

照膜

猫科动物眼睛视网膜后面的反射层，帮助猫科动物在夜间看见物体。

祖先

同家族中的初始成员，在很久以前就去世了。

我不知道

蟒蛇吃一顿管一年

太酷啦！动物的秘密如此多

我不知道蟒蛇吃一顿管一年

［英］克莱尔 · 卢埃琳◎著

［美］大卫 · 伍德◎绘

梁鹏程◎译

CNS 湖南少年儿童出版社 HUNAN JUVENILE & CHILDREN'S PUBLISHING HOUSE 小博集 BOOKY KIDS

· 长沙 ·

著作权合同登记号：图字 18-2023-259

图书在版编目（CIP）数据

太酷啦！动物的秘密如此多．我不知道蟒蛇吃一顿管一年／（英）克莱尔·卢埃琳著；（英）大卫·伍德绘；梁鹏程译．-- 长沙：湖南少年儿童出版社，2024.2
ISBN 978-7-5562-7455-0

Ⅰ．①太… Ⅱ．①克… ②大… ③梁… Ⅲ．①动物－儿童读物 Ⅳ．① Q95-49

中国国家版本馆 CIP 数据核字 (2024) 第 013218 号

TAI KU LA! DONGWU DE MIMI RUCI DUO WO BU ZHIDAO MANGSHE CHI YI DUN GUAN YI NIAN
太酷啦！动物的秘密如此多 我不知道蟒蛇吃一顿管一年

［英］克莱尔·卢埃琳◎著 ［英］大卫·伍德◎绘 梁鹏程◎译

监　　制：齐小苗
责任编辑：张　新　蔡甜甜
策划编辑：盖　野　徐耀华
营销编辑：刘子嘉
策　　划：童立方·小行星
封面设计：马俊嬴
版式设计：马俊嬴
排　　版：马俊嬴

出 版 人：刘星保
出　　版：湖南少年儿童出版社
地　　址：湖南省长沙市晚报大道 89 号
邮　　编：410016
电　　话：0731-82196320
常年法律顾问：湖南崇民律师事务所 柳成柱律师
经　　销：新华书店
开　　本：889 mm×995 mm 1/16
印　　刷：北京尚唐印刷包装有限公司
字　　数：18 千字
印　　张：2
版　　次：2024 年 2 月第 1 版
印　　次：2024 年 2 月第 1 次印刷
书　　号：ISBN 978-7-5562-7455-0
定　　价：198.00 元（全 12 册）

若有质量问题，请致电质量监督电话：010-59096394　　团购电话：010-59320018

你知道吗？蛇用下颌骨“听”声音，大多数蛇都是无害的，世界上最毒的蛇生活在大海里……

快来认识各种蛇，从比线还细的小蛇，到一口能吞掉一头豹子的大蟒蛇，一起去探索它们的奇妙趣事吧！

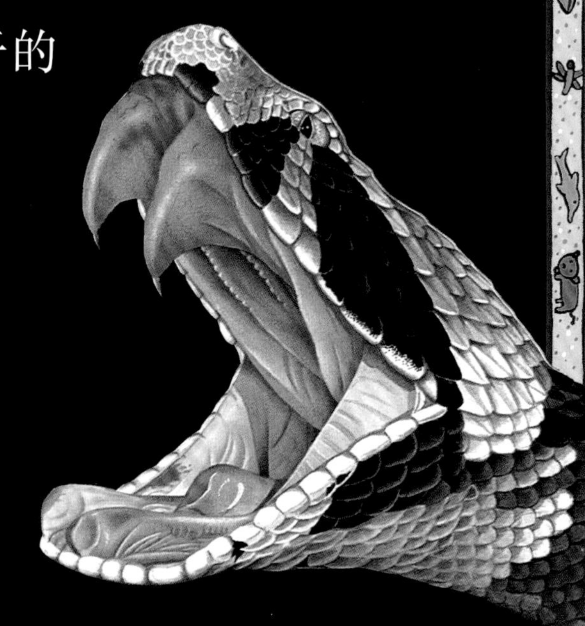

注意这个图标，它表明这一页上有一个好玩的小游戏，快来一试身手！

真的还是假的？看到这个图标，说明要做判断题喽！记得先回答，再看答案。

别忘了读一读页边上的蛇类小百科！

我不知道 蛇身上有鳞片

和所有爬行动物一样，蛇身上也有干燥的鳞片状皮肤。它们的皮肤质地坚韧，成分和指甲一样。这些鳞片可以防水，还能将水分锁在体内，因此，蛇在高温天气里也不会被烤干。

来发现一些蛇的真相吧！碰一下蛇的身体，你会发现它的皮肤并不黏滑，其实摸起来暖暖的，还有点儿干燥。另外，蛇对我们人类来说并不危险，相反，它们需要我们的保护。

世界上大约有 2500 种不同的蛇。

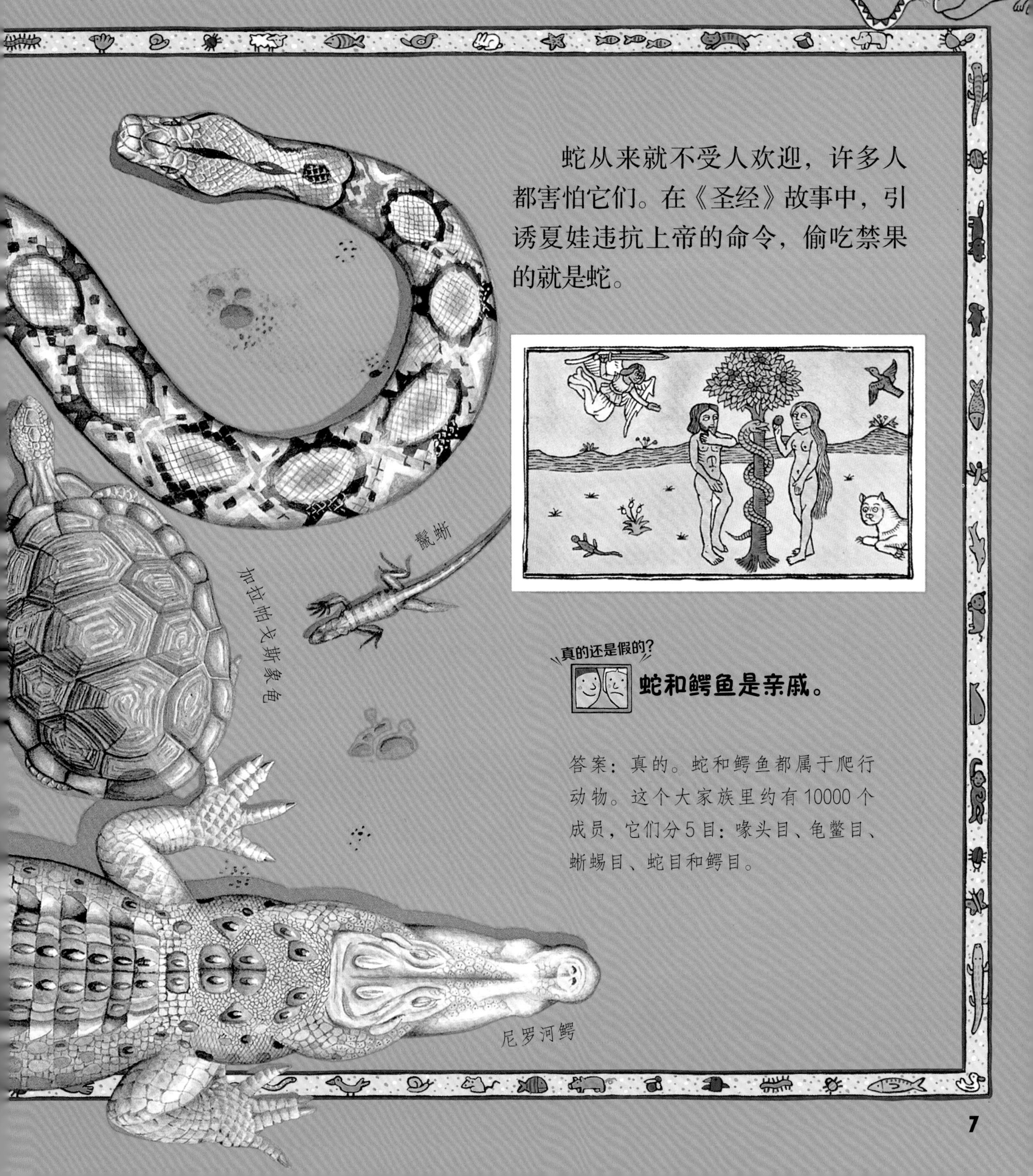

蛇从来就不受人欢迎，许多人都害怕它们。在《圣经》故事中，引诱夏娃违抗上帝的命令，偷吃禁果的就是蛇。

真的还是假的？

蛇和鳄鱼是亲戚。

答案：真的。蛇和鳄鱼都属于爬行动物。这个大家族里约有10000个成员，它们分5目：喙头目、龟鳖目、蜥蜴目、蛇目和鳄目。

印度蟒蛇是很好的妈妈，它会紧紧地盘起来，保护自己的蛋。

蛇会下蛋

大多数蛇会产下柔韧的皮革状软蛋，因此它们要把蛋藏起来，或是埋在沙坑里，或是藏在腐烂的树叶下。不久之后，这些蛇蛋就能孵化出小蛇。

蛇宝宝的上颚长有一颗尖尖的牙齿，叫作破卵齿。它们用这颗牙齿凿开蛋壳并钻出来。破壳后不久，这颗牙齿就脱落了。

真的还是假的？

蛇会不停地蜕皮。

答案：真的。随着蛇不断长大，身上的鳞片皮肤就显得太小了。每隔几个月，蛇就蜕掉一层像纸一样的薄外皮，就像脱袜子一样。在旧外皮下面，蛇长出了一层闪闪发亮的新皮肤，尺寸比原来的要大很多。

尽管大部分蛇会直接产蛋，但有些蛇能直接从母体中孵化出来，如蝮蛇。

我不知道 有些蛇是侧着走的

沙漠里的蛇以一种特别的方式在沙子上移动。它们先把身子弯曲收缩成许多段，然后身体前部猛地向侧面一跃。这种爬行方式叫作侧行。

角响尾蛇

真的还是假的？

蛇是温血动物。

答案：假的。蛇是冷血动物。它们摸上去并不冷，但它们的体温和周围空气的温度是一样的。

蛇的脊椎有几百根骨头，就像一条锁链一样相互连接。蛇的肌肉拉动骨头，推动身体快速移动——即使它没有脚！

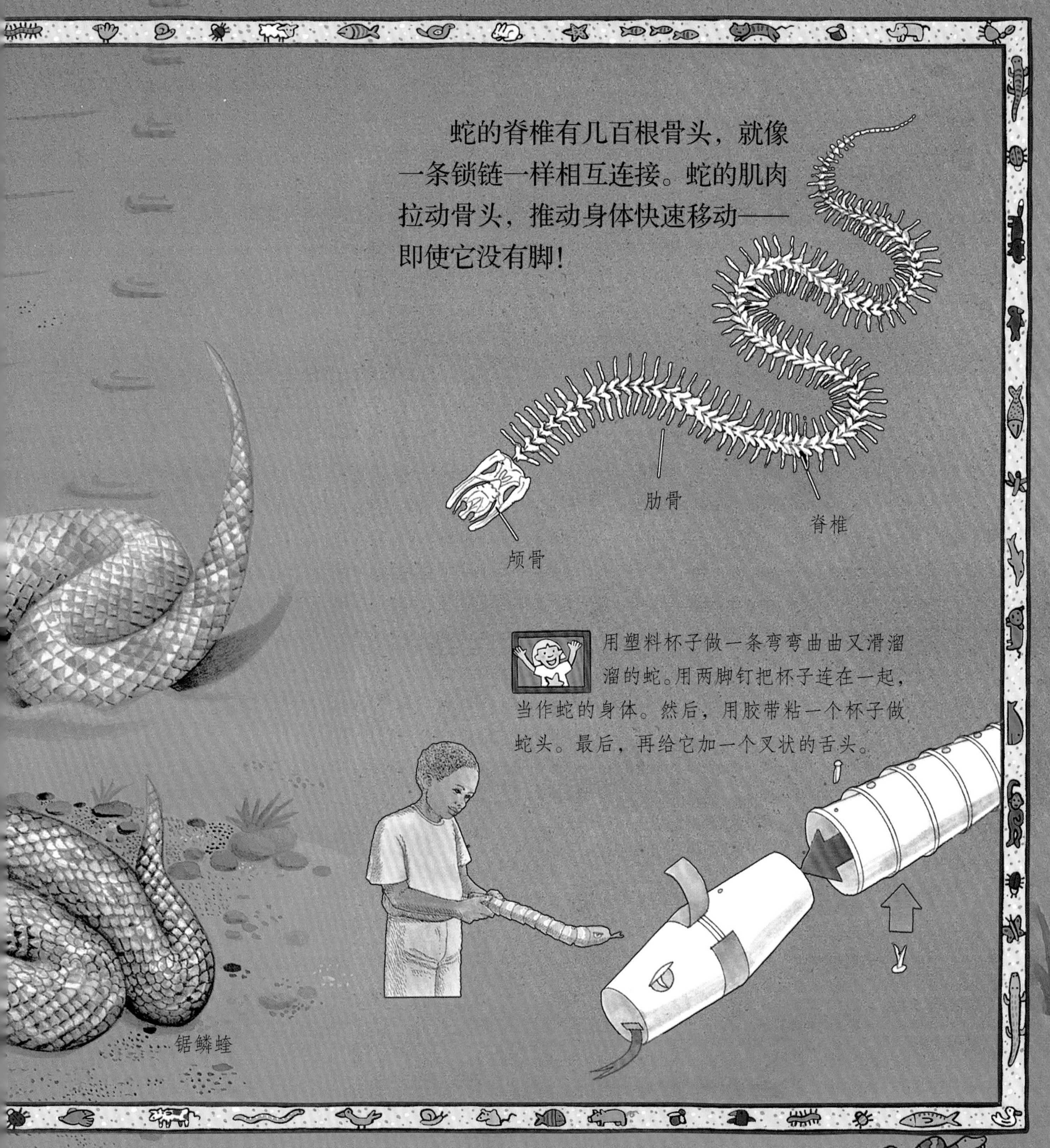

用塑料杯子做一条弯弯曲曲又滑溜溜的蛇。用两脚钉把杯子连在一起，当作蛇的身体。然后，用胶带粘一个杯子做蛇头。最后，再给它加一个叉状的舌头。

跳蝰蛇可以跳到1米多高的空中。

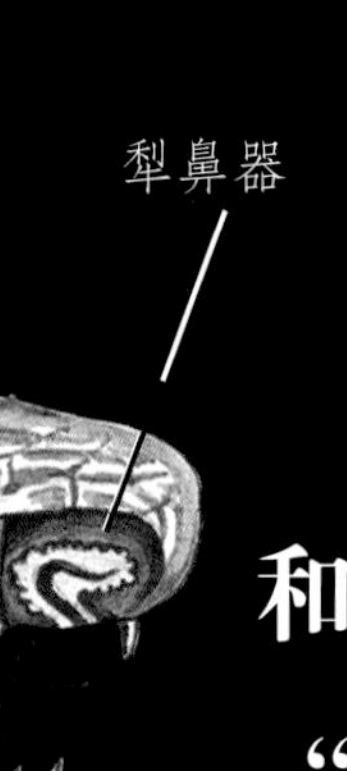

我不知道 蛇用舌头闻气味

蛇用叉状的舌头收集周围空气和地面上的化学信号。这些信号会“告诉”蛇附近是有一顿美餐，还是有敌人或配偶。

蛇的身体里有一个特殊的器官可以解读这些化学信号。这个器官叫“犁鼻器”，位于口腔的顶部，那条忽隐忽现的舌头可以轻易插入犁鼻器中。

地毯蟒

真的还是假的？

蛇能在黑暗中看见东西。

答案：假的。不过，即使视力很差，有些蛇也能在黑暗中捕食。这是因为它们头上有漏斗形的感温器官，称为“颊窝”。颊窝能够感知附近动物的体温。

蛇没有眼睑，也不能眨眼。它们的眼睛上覆盖着一屋透明的薄膜，使它们像是隔着玻璃向外看。

蛇能通过颚骨接收外界声音的振动。

加蓬蝰蛇的尖牙约有 5 厘米长。

蛇有毒牙

毒蛇有着长长的中空毒牙。当攻击猎物时，蛇把尖牙深深地刺进猎物体内，并注入致命的毒液。但吃下被毒死的猎物后，蛇自己并不会中毒。

毒牙

加蓬蝰蛇

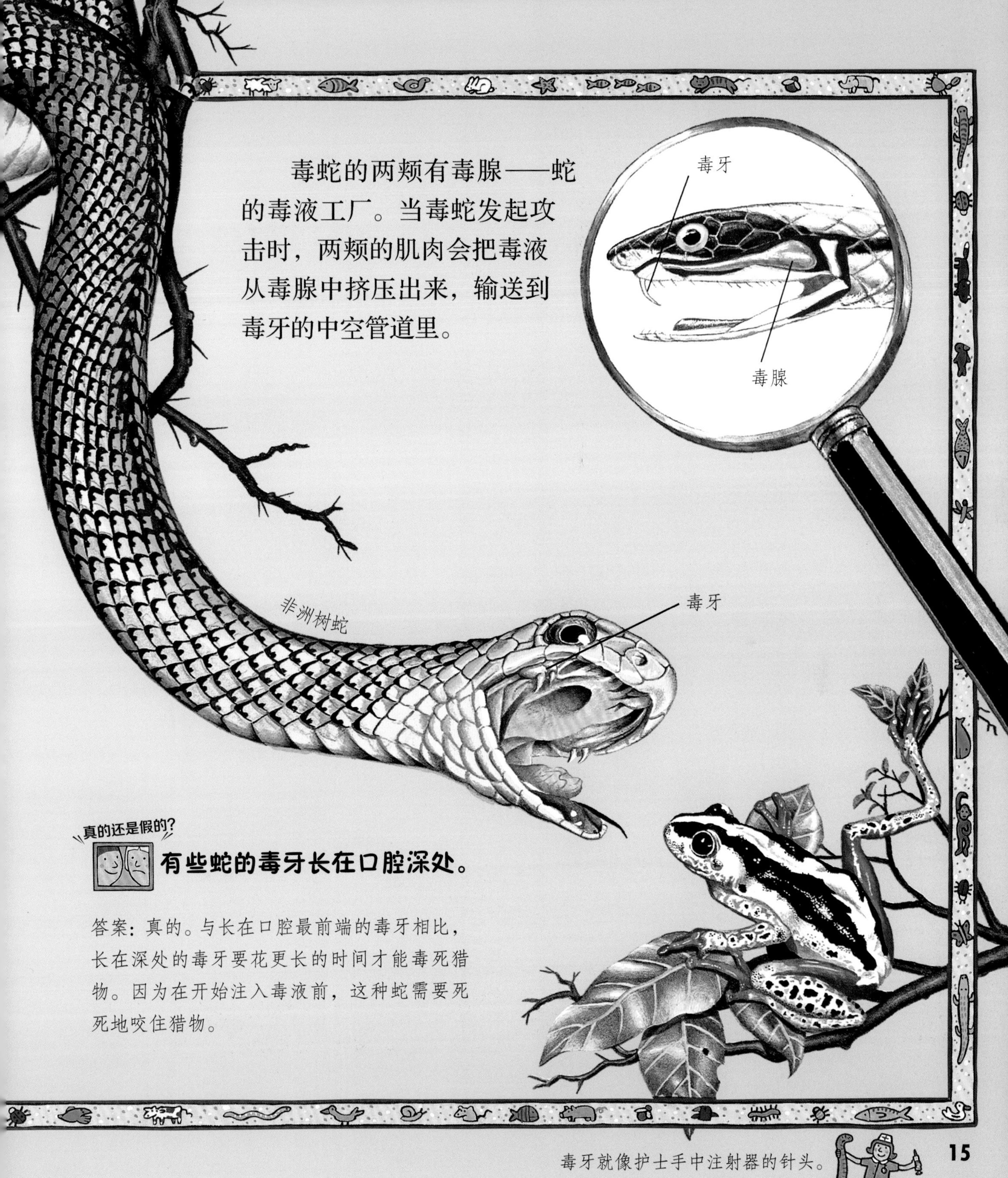

毒牙就像护士手中注射器的针头。

我不知道 有些蛇会喷射毒液

受到威胁后，眼镜蛇会把毒液喷射到敌人的脸上。如果毒液射进敌人的眼睛里，敌人会感到灼热、疼痛，甚至失明。

在多个欧洲文明中，蛇象征着治愈。因为人们曾经以为蛇可以永生，每次蜕皮后都会获得一次新生。

蛇的毒液被人挤出来做成药品，用来治疗毒蛇的咬伤。

克娄巴特拉七世（又称埃及艳后）是古埃及的女法老。古埃及被罗马人征服后，她决定自杀。传说，她抓住一条叫作角蝰的小蛇，被蛇咬后中毒死去。

獴

英国作家拉迪亚德·吉卜林写过一个《里基－蒂基－塔维》的故事，讲述了一只獴从眼镜蛇那里救了一家人的故事。獴动作敏捷，非常凶狠，是蛇的天敌。

蛇的上下颌通过骨质铰链——方骨连在一起。进食时，这个结构能够脱臼并大大扩张，使嘴巴张得很大。下颌由两部分组成，能够分开向两侧张大。

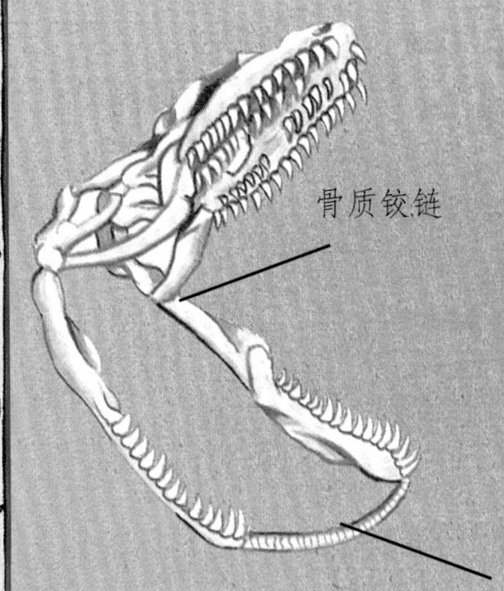

我不知道 蛇的嘴巴有弹性

蛇可以吞下比自身体积大很多的猎物。它们的嘴巴可以张得非常大，因为它们的皮肤柔韧而有弹性，下颌骨之间的关节和组织也具有高度的柔韧性。

蛇有时候要花上好几个小时才能吞下一顿美食。

真的还是假的？

没有只吃素的蛇。

答案：真的。所有的蛇都吃肉。蛇的菜单中包含各种动物，如昆虫、蠕虫、鱼、青蛙、蜥蜴、鸟类以及鹿。养宠物蛇的人经常给蛇喂食活老鼠！

这条藤蛇抓住了一只蜥蜴

有些蛇没有牙齿，它们往往把蛋整个吞下。嘴里塞着这么大的东西，蛇很容易被噎死，不过它们能把气管前移，这样就能保持呼吸畅通了。

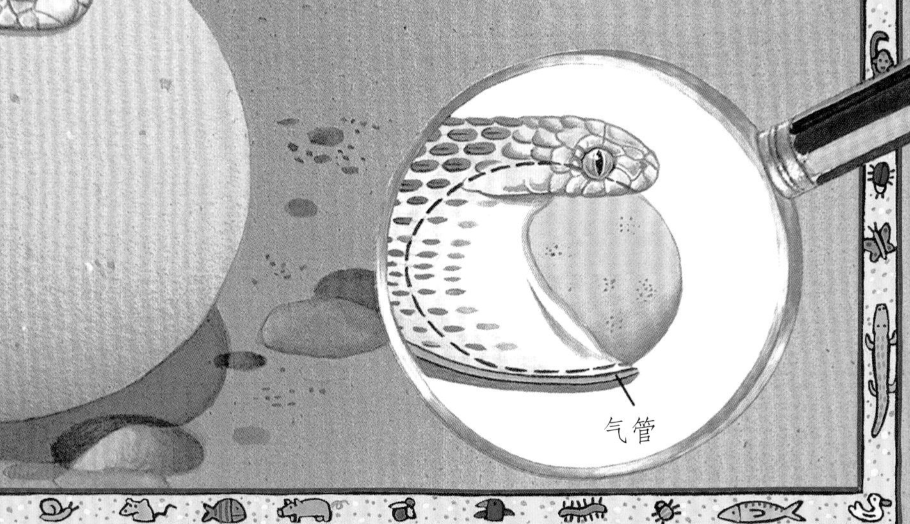

食蛋蛇

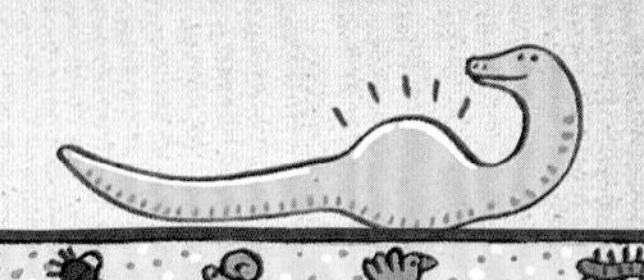

我不知道 蟒蛇只要饱餐一顿就可以存活一年

蟒蛇杀死猎物的方式是用身体缠住它们，用力挤压直到猎物停止呼吸。这种巨大的蟒蛇非常强壮，甚至可以猎杀一头豹子。吃完这顿大餐后，它们可以一整年都不用再吃第二顿。

找一找
你能找到这只老鼠吗？

真的还是假的?

蛇会对猎物施展催眠术。

答案：假的。蛇没有催眠猎物的能力。但是，在由拉迪亚德·吉卜林的书《丛林故事》改编而成的电影中，一条叫作卡阿的大蟒蛇试图用旋转的彩色眼睛来催眠其他动物。它希望让猎物精神恍惚，然后杀死它们，但它阿从来没有成功过！

大水蚺经常在南美洲的热带雨林中捕食凯门鳄。大水蚺潜伏在水中等待着，然后突然扑向猎物，把它紧紧地缠住，直至将其勒死。

翡翠树蚺还会捕食热带雨林中的鸟儿。

我不知道

有些蛇的尾巴能“咔啦咔啦”作响

当响尾蛇受到威胁时，它会迅速摆动尾巴的尾环，发出干涩的嗡嗡声，就像报警器一样，能把敌人吓跑。

王锦蛇受到惊吓时会竖起尾巴，发出一股腐臭味。这个味道能持续好几个小时，敌人闻到后就立马跑开了。

有些蛇为了迷惑敌人，可能会伪装成比自己更危险的蛇。奶蛇是无毒的，但它的花纹和致命的银环蛇是一样的，这种伪装经常能救它一命。

有些蛇会用装死来躲避危险。

答案：真的。当敌人出现时，水游蛇（下图）会仰面躺下，把舌头伸出来，看起来就像死了一样！这是一个聪明的办法，因为大多数食肉动物更喜欢新鲜的食物，往往不碰死去的动物。

大部分蛇都会避免打斗，一有动静它们就溜走了。

我不知道 有些蛇生活在大海里

世界上约有59种海蛇，有些生活在离海滩很近的地方；有些一直生活在大海深处，潜在海水里，只有呼吸时才浮出海面。

角蝰

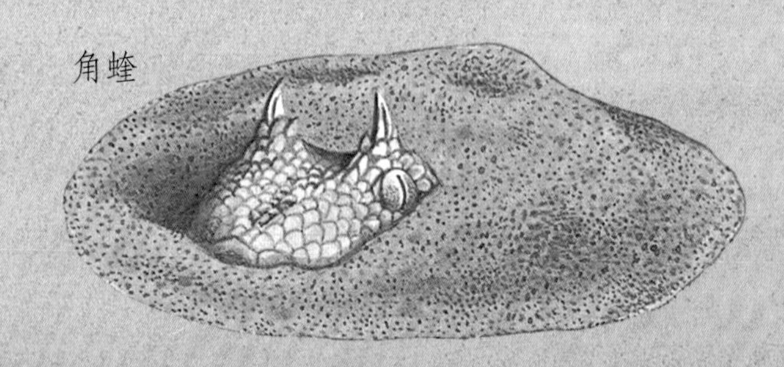

许多蛇生活在沙漠里。白天，沙漠角蝰一般藏在沙子里爬行，以躲避正午的太阳，直到晚上才出来寻找食物。

生活在海里的蛇通常有一条扁平的尾巴，可以像桨一样划水。

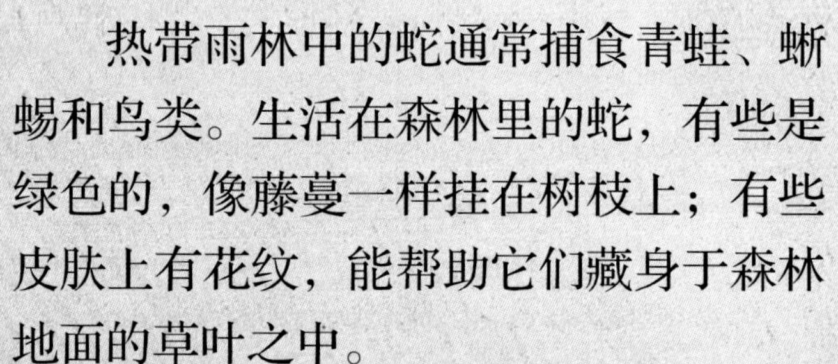

热带雨林中的蛇通常捕食青蛙、蜥蜴和鸟类。生活在森林里的蛇，有些是绿色的，像藤蔓一样挂在树枝上；有些皮肤上有花纹，能帮助它们藏身于森林地面的草叶之中。

绿曼巴蛇

扁尾海蛇

真的还是假的？

爱尔兰一条蛇也没有。

答案：真的。传说，基督教传教士圣帕特里克认为所有的蛇都是邪恶的，所以把它们从爱尔兰全都赶走了。圣帕特里克生活在1600多年前，但蛇再也没有出现在爱尔兰过。

我不知道

耍蛇人并不能迷惑蛇

他们看上去像在吹笛子，对蛇进行催眠。事实上，蛇没有听觉，根本听不见音乐。对蛇来说，笛子是一个敌人，它们跟着笛子舞动，是为了随时发起攻击。安全起见，这些蛇的毒牙通常在表演前就被拔掉了！

找一找

你能找到这条躲起来的蛇吗？

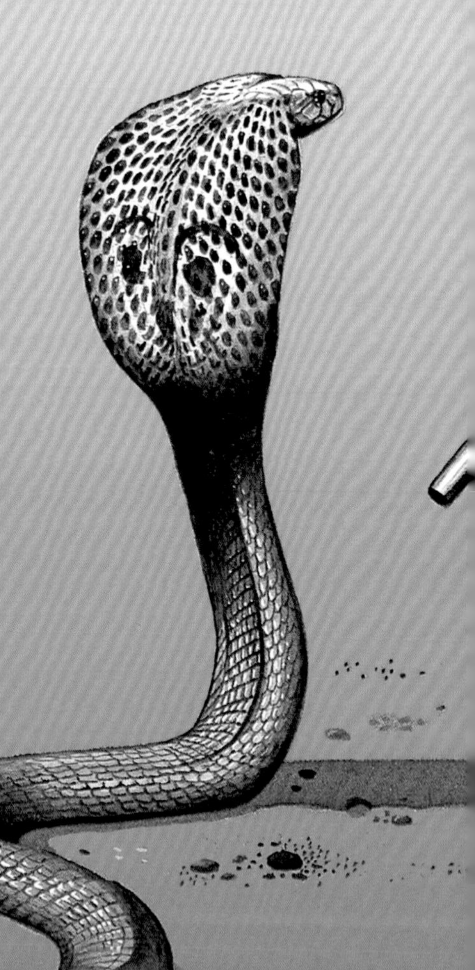

眼镜蛇

蛇是很好的宠物。

答案：真的。许多蛇都是无毒的，如果你对它们很温柔，它们也会变得很温顺。宠物蛇是经过特殊饲养的，而非直接从野外抓捕而来。主人把它们放在一个叫“动物养育箱”的容器中饲养。

在古希腊神话中，有一个名叫美杜莎的女妖。她头上长着的不是头发，而是毒蛇，和她对视过的人都会变成石头。

农民喜欢蛇，因为蛇能消灭老鼠和一些害虫。

我不知道 有些蛇会飞

飞蛇生活在东南亚的森林里。为了从一棵树跳到另一棵树上，它会把自己的肋骨放平，让身体变得扁平，然后在空中平稳地滑翔。

飞蛇

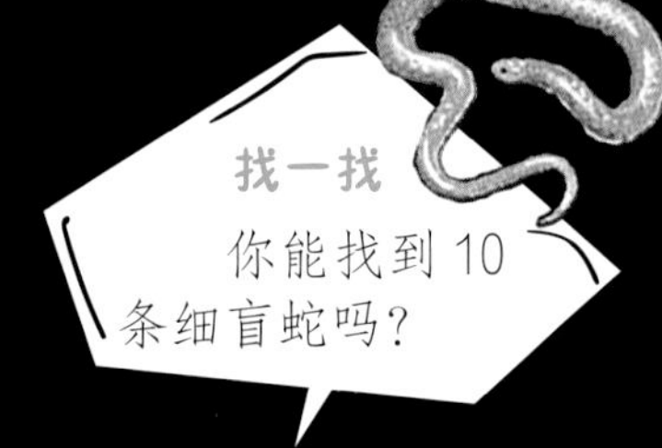

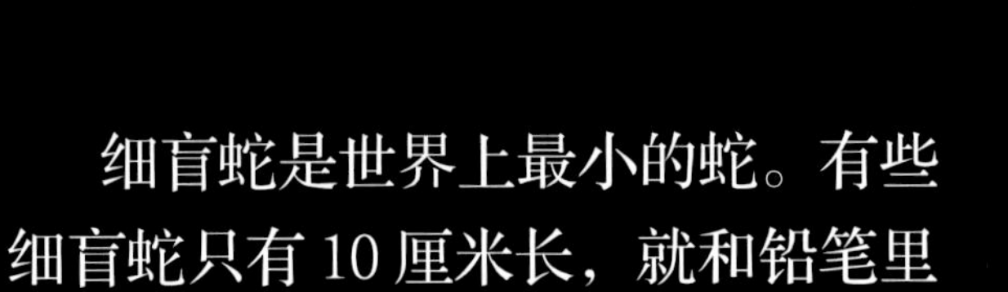

细盲蛇是世界上最小的蛇。有些细盲蛇只有10厘米长，就和铅笔里的碳棒一样细。

要当心非洲的黑曼巴蛇，它是陆地上爬得最快的蛇。

真的还是假的？

蛇的寿命比人类长。

答案：假的。有记录显示，寿命最长的蛇是一条名叫婆皮耶的大蟒蛇。婆皮耶生活在动物园里，在那里它生活得十分舒适，吃得也很好。它一直活到 40 岁。

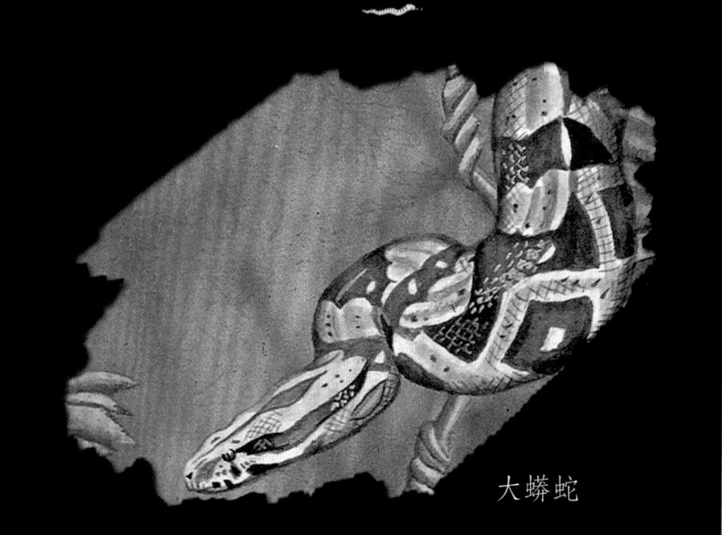

大蟒蛇

世界上最重的蛇是水蚺。最大的水蚺体重可达 230 千克，这差不多相当于 3 个成年男子的体重。

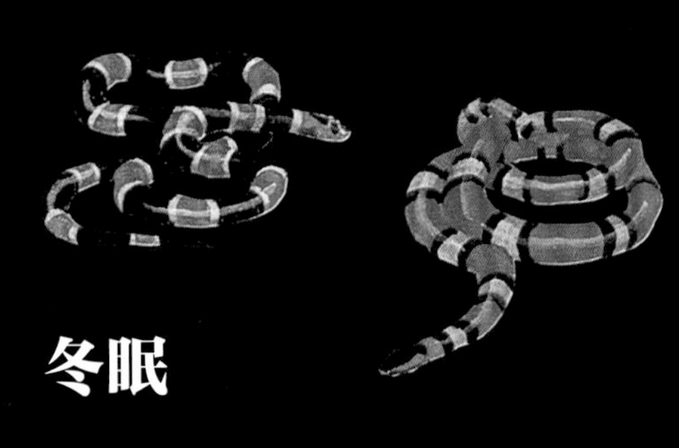

知识点

冬眠

以睡眠的方式度过整个冬季。

动物养育箱

人们用来养育小型陆地动物（比如蛇）的安全容器。

毒牙

一种长长的、锋利的中空牙齿，毒蛇用尖牙把毒液注入猎物的身体里。

毒液

蛇和其他一些动物在咬的过程中吐出来的毒性液体。

凯门鳄

一种生活在中美洲和南美洲的短吻鳄。

冷血动物

冷血动物的体温会随着外界气温的变化而变化。

鳞片

爬行动物和鱼类体表的一层细小的盘状薄片。

獴

一种有毛的小动物，常见于印度，善于捕食蛇和老鼠。

爬行动物

动物中的一类，包括蛇、蜥蜴、鳄鱼和海龟。大部分爬行动物的皮肤都比较干燥，有鳞片，在陆地上产卵。

气管

生物体内连接口腔和肺的一个空气管道。

韧带

韧带就像一根皮带，由坚硬的纤维物质构成，在关节处连接着骨骼。

温血动物

无论环境的气温是高还是低，温血动物都能保持恒定的体温。

腺

生物体内的一种组织，能分泌化学物质，如毒液。

我不知道
鲨鱼
老是
换牙齿

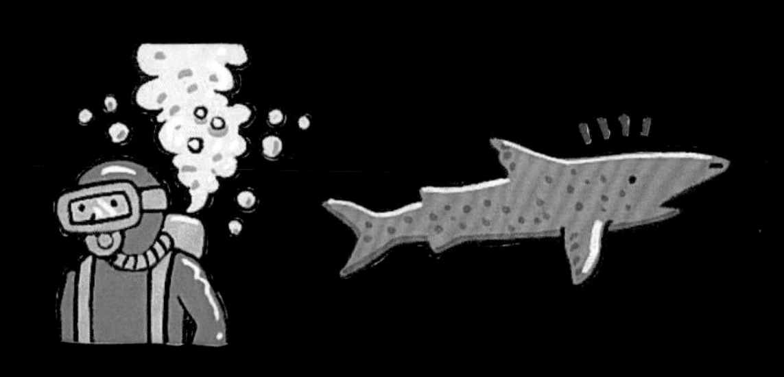

\ 太酷啦！动物的秘密如此多 /

我不知道鲨鱼老是换牙齿

［英］克莱尔·卢埃琳◎著

［英］达伦·哈维◎绘

蒋玉红◎译

CNS 湖南少年儿童出版社 HUNAN JUVENILE & CHILDREN'S PUBLISHING HOUSE 小博集 BOOKY KIDS

·长沙·

著作权合同登记号：图字 18-2023-259

图书在版编目（CIP）数据

太酷啦！动物的秘密如此多．我不知道鲨鱼老是换牙齿 /（英）克莱尔·卢埃琳著；（英）达伦·哈维绘；蒋玉红译．-- 长沙：湖南少年儿童出版社，2024.2
ISBN 978-7-5562-7455-0

Ⅰ．①太… Ⅱ．①克… ②达… ③蒋… Ⅲ．①动物－儿童读物 Ⅳ．① Q95-49

中国国家版本馆 CIP 数据核字 (2024) 第 013217 号

TAI KU LA! DONGWU DE MIMI RUCI DUO WO BU ZHIDAO SHAYU LAO SHI HUAN YACHI
太酷啦！动物的秘密如此多 我不知道鲨鱼老是换牙齿

[英] 克莱尔·卢埃琳◎著　[英] 达伦·哈维◎绘　蒋玉红◎译

监　　制：齐小苗
责任编辑：张　新　蔡甜甜
策划编辑：盖　野　徐耀华
营销编辑：刘子嘉
策　　划：童立方·小行星
封面设计：马俊嬴
版式设计：马俊嬴
排　　版：马俊嬴

出 版 人：刘星保
出　　版：湖南少年儿童出版社
地　　址：湖南省长沙市晚报大道 89 号
邮　　编：410016
电　　话：0731-82196320
常年法律顾问：湖南崇民律师事务所 柳成柱律师
经　　销：新华书店
开　　本：889 mm×995 mm 1/16
印　　刷：北京尚唐印刷包装有限公司
字　　数：18 千字
印　　张：2
版　　次：2024 年 2 月第 1 版
印　　次：2024 年 2 月第 1 次印刷
书　　号：ISBN 978-7-5562-7455-0
定　　价：198.00 元（全 12 册）

若有质量问题，请致电质量监督电话：010-59096394　团购电话：010-59320018

你知道吗？鲨鱼出现得比恐龙还要早，差不多一半的鲨鱼的个头并没有你大，有些鲨鱼出生在“美人鱼的钱包”里……

快来认识各种各样的鲨鱼，知道它们吃些什么，如何繁衍后代，它们的敌人是谁，等等，一起走进神奇的鲨鱼世界吧！

注意这个图标，它表明这一页上有一个好玩的小游戏，快来一试身手！

真的还是假的？看到这个图标，说明要做判断题喽！记得先回答，再看答案。

别忘了读一读页边上的鲨鱼小百科！

我不知道 鲨鱼出现得比恐龙还要早

鲨鱼的祖先生活在恐龙时代之前的2亿年左右。那时的鲨鱼体形庞大，头顶上长有细齿板。

找一找

你能找到5只三叶虫吗？

鲨鱼死后很难形成化石，但是它们的牙齿可以！这颗牙齿（左图）长约18厘米，是怪兽鲨鱼——巨齿鲨的牙齿。大白鲨的牙齿只有它的一半那么长。

裂口鲨生活在大约3.5亿年前，从牙齿到尾巴的长度约为1.8米。裂口鲨的嘴巴长在吻部顶端，不像如今的大部分鲨鱼嘴巴长在鼻子下面。

这具鲨鱼化石属于胸脊鲨，化石显示它长着带刺的脊椎。鲨鱼化石十分少见，因为它们的骨骼由软骨组成，早在变成化石前就腐烂了。

澳大利亚虎鲨也有背鳍，和它们的祖先一样。

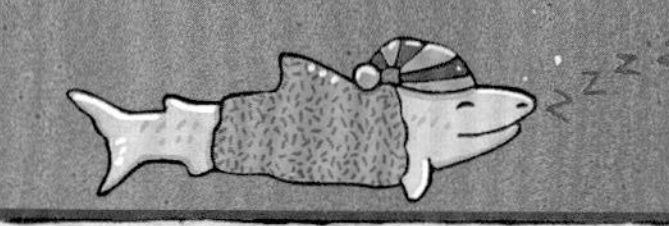

我不知道

鲨鱼是体形最大的鱼类

鲸鲨平均体长约 12 米，是海洋中最大的鱼。这种温和的巨型鲨鱼进食时非常安静，它们会滤食海水中的一些小型动植物。

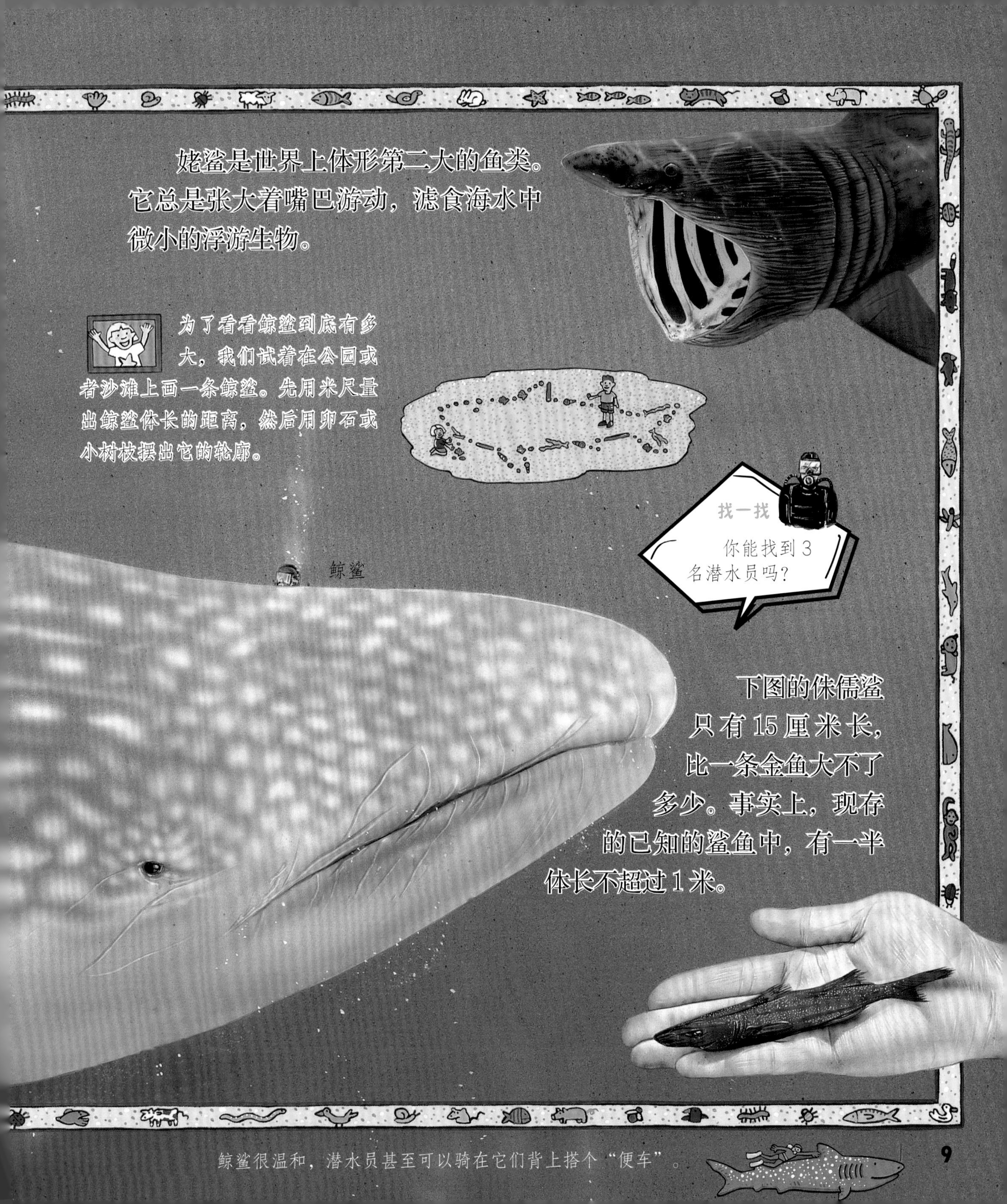

姥鲨是世界上体形第二大的鱼类。它总是张大着嘴巴游动，滤食海水中微小的浮游生物。

为了看看鲸鲨到底有多大，我们试着在公园或者沙滩上画一条鲸鲨。先用米尺量出鲸鲨体长的距离，然后用卵石或小树枝摆出它的轮廓。

找一找

你能找到3名潜水员吗？

鲸鲨

下图的侏儒鲨只有15厘米长，比一条金鱼大不了多少。事实上，现存的已知的鲨鱼中，有一半体长不超过1米。

鲸鲨很温和，潜水员甚至可以骑在它们背上搭个“便车”。

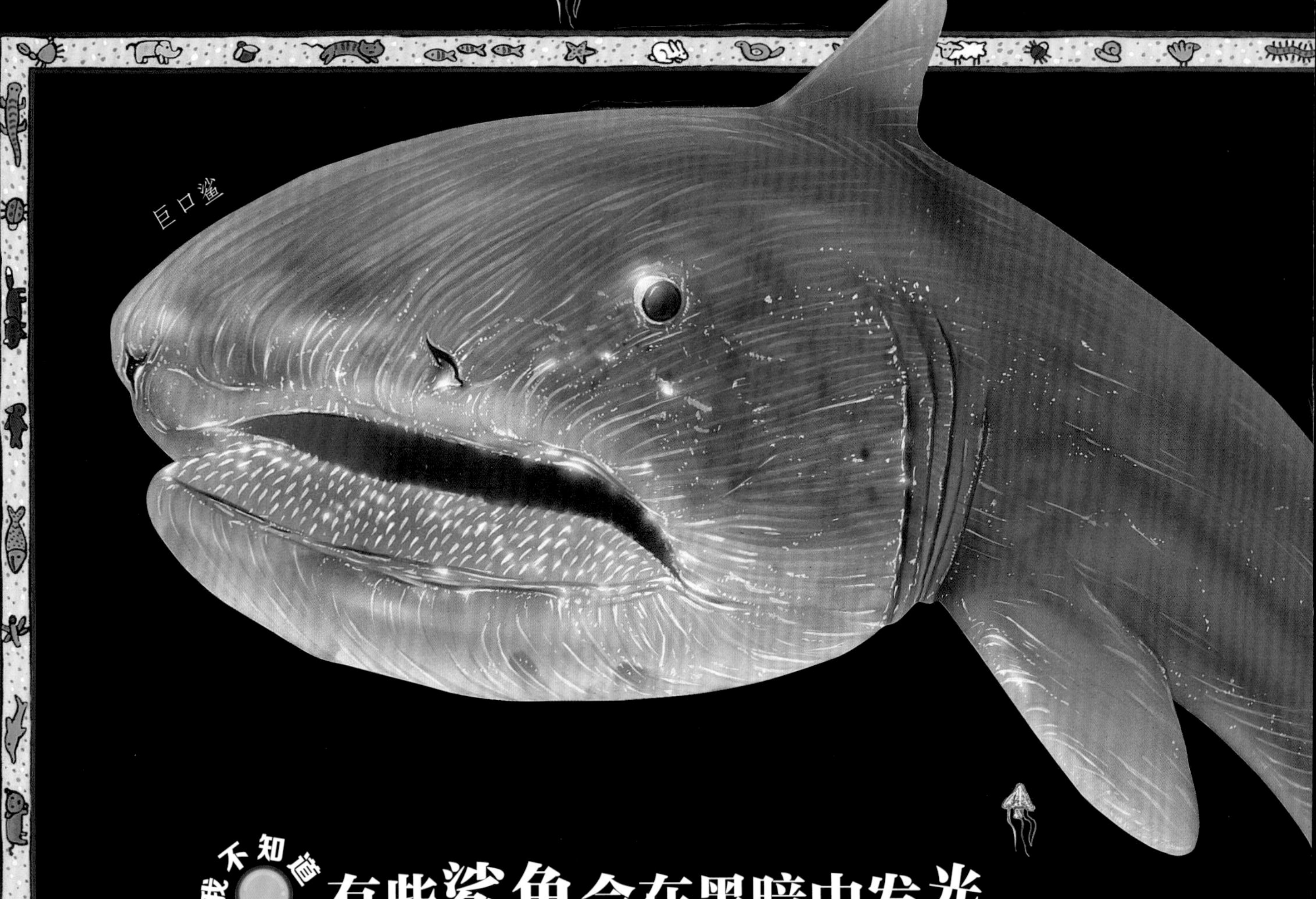

我不知道 有些鲨鱼会在黑暗中发光

有些鲨鱼生活在幽暗的海底，能够发光。巨口鲨的嘴巴能发出银光，也许是为了引诱美味的小虾吧。

找一找

你能找到6只水母吗？

皱鳃鲨的眼睛细长，便于在幽暗的海底看到猎物。

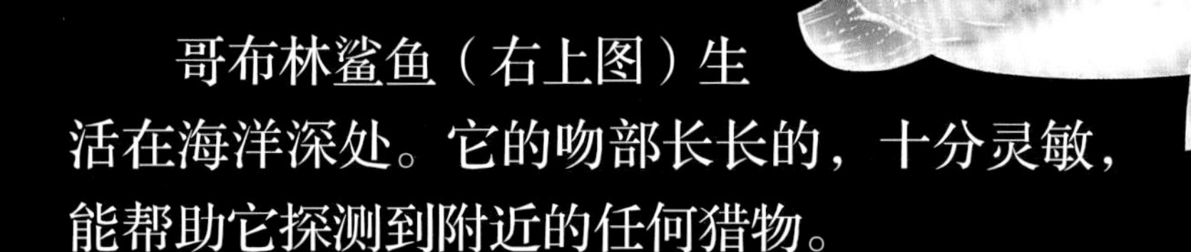

哥布林鲨鱼（右上图）生活在海洋深处。它的吻部长长的，十分灵敏，能帮助它探测到附近的任何猎物。

灯笼棘鲛（左图）的皮肤会分泌一种发光的黏液，这使它在水下显得绚丽夺目。专家认为它借由发光来吸引猎物，或是稳固自己在鱼群中的地位。

雪茄达摩鲨的英文名叫cookie-cutter shark。当它袭击其他海洋动物时，会在猎物身上留下一个正圆形伤口——就像一个圆形饼干（cookie）。

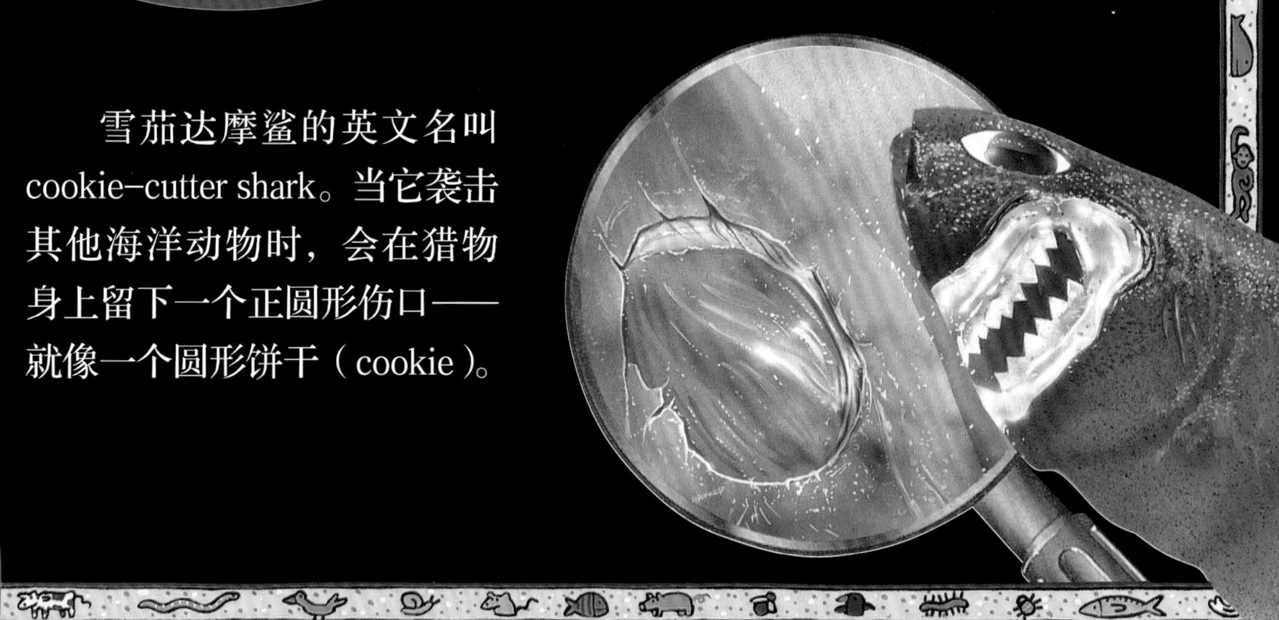

我不知道 有些鲨鱼的头像锤子

锤头双髻鲨的脑袋呈T形，就像锤子的锤头。它游动时来回摇摆脑袋，这样就能看到四周的景色了。

巨型锤头双髻鲨

须鲨是一种长相奇特的鲨鱼，背上有许多斑点，下颌皮肤呈流苏状，看起来就像一块石头或是一片海藻。须鲨利用巧妙的伪装藏在海床上，然后猛然袭击经过的鱼儿。

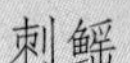
刺鳐

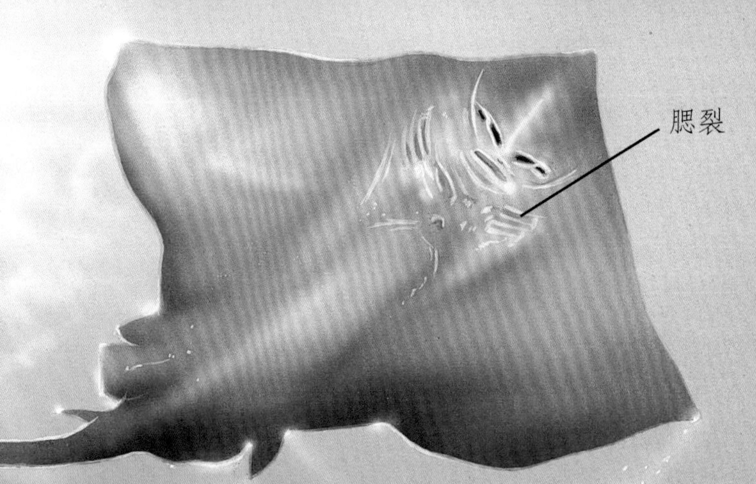

鲨鱼和鳐鱼（左图）是亲戚。这两类鱼都有腮裂，没有鳃盖。它们都属于软骨鱼类，而非硬骨鱼类。

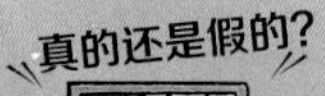

一些鲨鱼长着翅膀。

答案：真的。天使鲨（右图）的巨大的胸鳍就像翅膀一样。天使鲨利用这对翅膀在海床上滑行，搜寻甲壳动物和鱼类作为食物。

天使鲨也叫僧鲨，因为它们就像戴着欧洲僧侣常戴的帽子。

我不知道 如果停止游泳，鲨鱼就会下沉

大多数鱼类的体内有一个充满空气的袋子，叫作鱼鳔，可以帮助鱼类在海水中保持漂浮。鲨鱼没有鱼鳔。为了防止身体下沉，它们只好不停地游动——就像游泳踩水一样。

灰鲭鲨

和所有鱼类一样，鲨鱼也有鳃，需要从水中摄取氧气。鲨鱼呼吸时，海水流经鳃瓣，氧气进入细小的血管，最后被输送至全身。

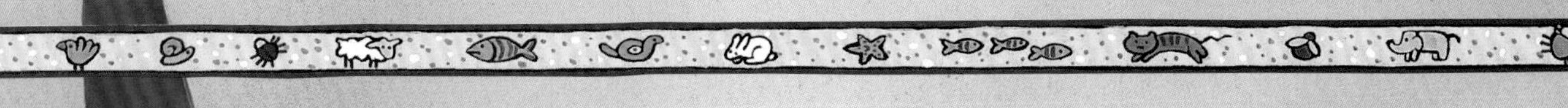

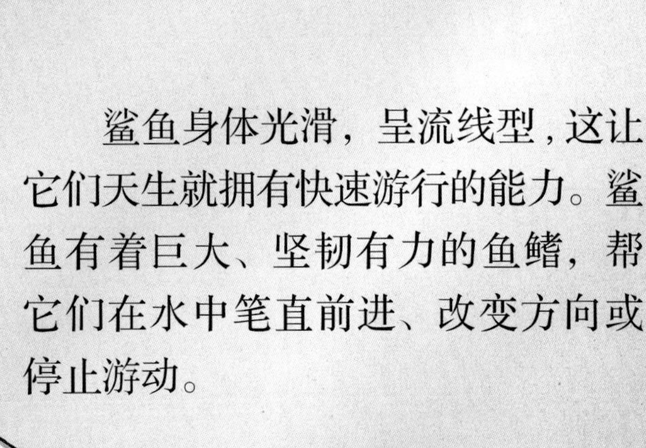

真的还是假的？

有些鲨鱼在洞穴中睡觉。

答案：真的。白顶礁鲨是一种懒洋洋的鲨鱼。晚上，白顶礁鲨在珊瑚礁附近缓慢地游荡；到了白天，它们趴在海床上睡觉。它们经常躲在洞穴中，以防被其他动物发现或打扰。

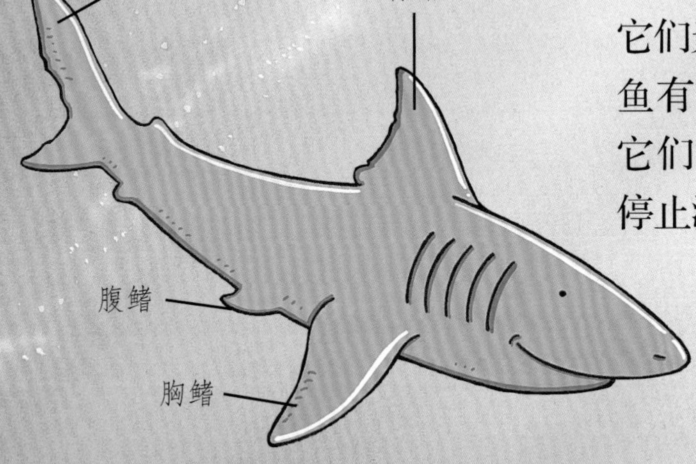

鲨鱼身体光滑，呈流线型，这让它们天生就拥有快速游行的能力。鲨鱼有着巨大、坚韧有力的鱼鳍，帮它们在水中笔直前进、改变方向或停止游动。

胸鳍就像飞机的机翼一样，为鲨鱼提供了向上的浮力。

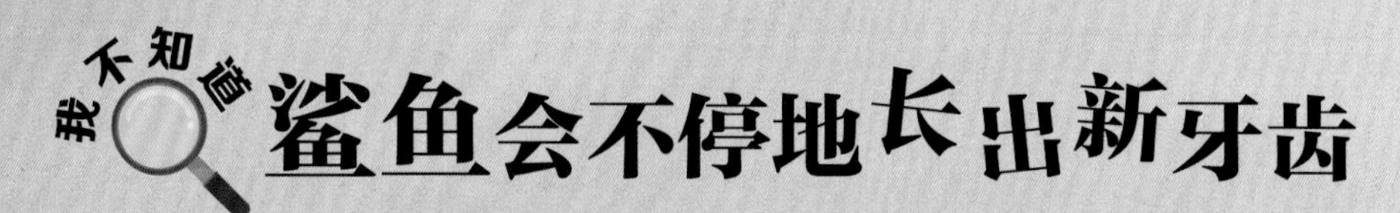

我不知道

鲨鱼会不停地长出新牙齿

鲨鱼在攻击猎物时经常弄掉牙齿，因此它们的嘴里会不停地长出新的牙齿。慢慢地，新的牙齿长出来向前移动，替换掉旧的牙齿。

找一找

你能找到5颗脱落的尖牙吗？

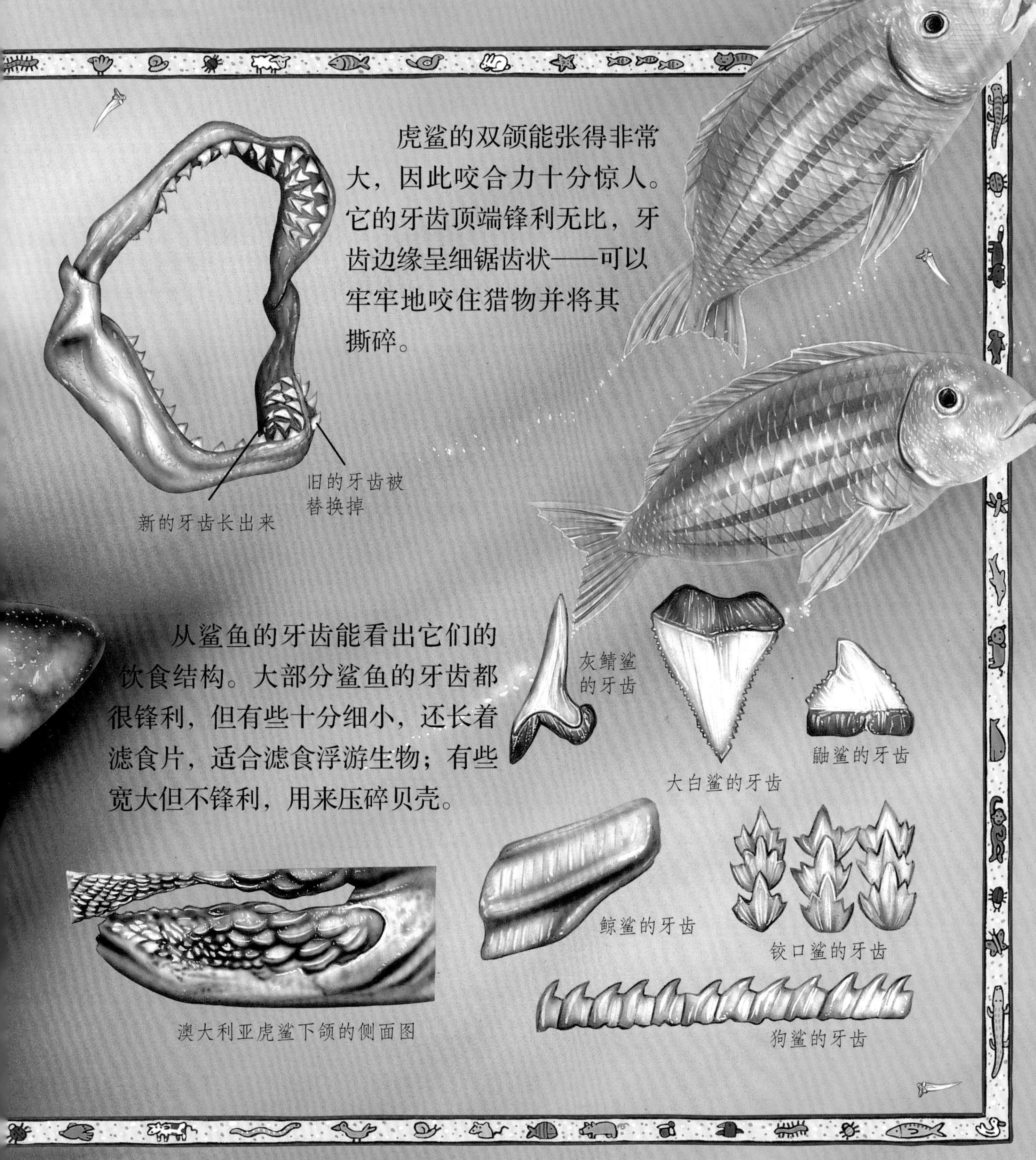

鲨鱼可不会细嚼慢咽，它们只会整块地吞下食物。

鲨鱼的食谱上有各种各样的食物：海鸥、海豹、海龟、甲壳动物和浮游生物。鲨鱼几乎不吃人，它们不喜欢人的味道，太难吃了。

我不知道 鲨鱼会疯狂地进食

鲨鱼进食时，其他鲨鱼也会游过来分食猎物。当鲨鱼猛地撕咬猎物时，会被水里的鲜血和搅起的巨大动静刺激得非常兴奋。鲨鱼“疯狂进食”期间，可能会互相撕咬和残杀。

在鲨鱼的胃里你也许能找到：芥末罐、塑料袋、啤酒罐……

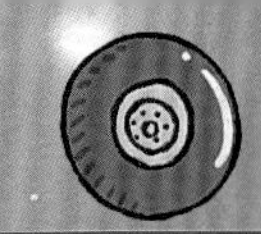

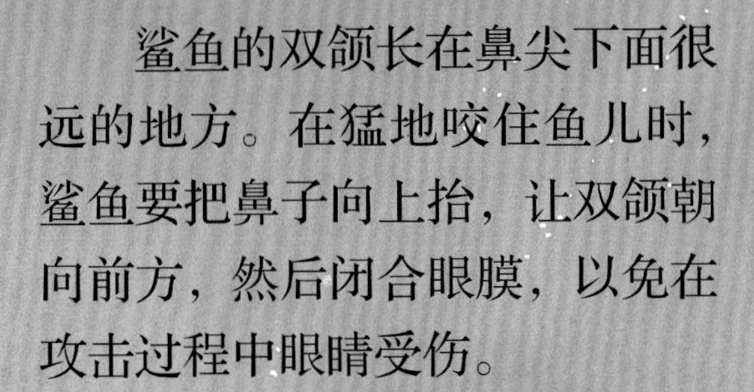

鲨鱼的双颌长在鼻尖下面很远的地方。在猛地咬住鱼儿时，鲨鱼要把鼻子向上抬，让双颌朝向前方，然后闭合眼膜，以免在攻击过程中眼睛受伤。

真的还是假的？

有些鲨鱼会用尾巴进行攻击。

答案：真的。长尾鲨有一条长长的尾巴，在水中摆动时就像一根鞭子。科学家认为这条长尾巴不仅可以打晕猎物，还能把鱼群紧密地聚在一起，方便长尾鲨发起攻击。

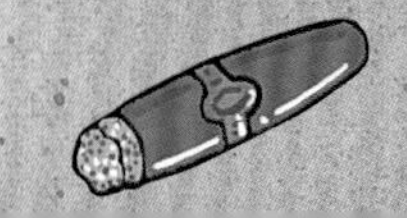

我不知道 鲨鱼能闻到很远处的血腥味

鲨鱼的嗅觉十分灵敏。水流流经鼻孔后，它们便能接收到周围海水中的各种信息。有些鲨鱼在很远的地方都能闻到受伤动物散发出的血腥味，并朝它快速追击过去。

鲨鱼的鼻子上分布着一些小器官，可以捕获电流信号。海洋里的所有生物都会发出某种电流，因此这些小器官能帮鲨鱼成功追捕到猎物。

鲨鱼的身体两边各有一条侧线，用来感知水流的振动。这让鲨鱼能够侦测到周围游动的动物，比如海豹和鱼。

鲨鱼身上覆盖的不是普通的鳞片，而是一种像牙齿一样的突起，叫盾鳞。盾鳞非常粗糙。

鲨鱼皮曾经被用来制作剑的把手，这样剑就不容易掉啦。

我不知道 有些鱼儿会搭鲨鱼的“顺风车”

䲟鱼是一种头部有吸盘的小鱼。它们用吸盘紧紧地吸附在鲨鱼身上。搭上鲨鱼的“顺风车”后，它们会帮鲨鱼吃掉皮肤上的寄生虫。

䲟鱼也会离开鲨鱼，独自游动。

个头小且动作机敏的鲭类海鱼经常环绕在鲨鱼周围。它们可能觉得待在体形庞大的鲨鱼身边很有安全感，还可以吃到鲨鱼吃剩的食物残渣。

桡足类属于甲壳动物，它们附着在鲨鱼的鱼鳍上，并以此为食。它们甚至还会附着在鲨鱼的眼睛上，导致鲨鱼几乎失明。

鲨鱼卵在温暖的水域可以更快地孵化。

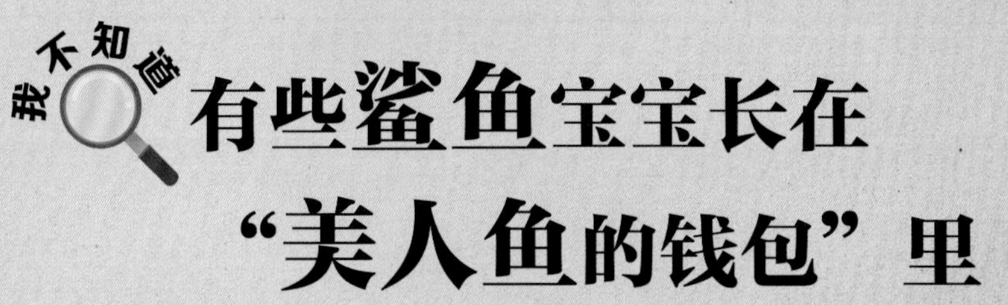

有些鲨鱼宝宝长在“美人鱼的钱包”里

有些鲨鱼的卵被包裹在一个革质卵鞘里，人们称之为“美人鱼的钱包”。在“钱包”里，鲨鱼卵发育成鲨鱼宝宝。它们吃掉卵黄，10 个月后就孵化出鞘了。

绒毛鲨胚胎

3个月大

7个月大

虽然有些鲨鱼把卵产在体外，但大部分鲨鱼卵都在鲨鱼妈妈的身体里发育。它们以卵黄或是妈妈血液里输送过来的营养为食，之后小鲨鱼就像哺乳动物那样出生了。

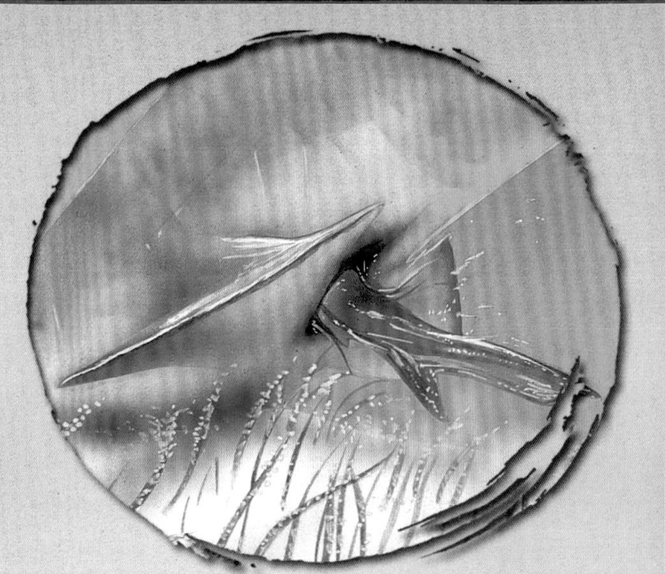
柠檬鲨宝宝正从妈妈体内分娩出来。

下次在沙滩上玩耍时，试着找一找“美人鱼的钱包”。狗鲨是一种常见的鲨鱼，它干燥、黑色的卵鞘经常被冲到沙滩上来。

许多鲨鱼都会想办法保护自己的卵。佛氏虎鲨会把自己螺旋状的卵卡在石缝中。有些鲨鱼的卵鞘上有长长的附着丝，可以悬挂在植物上。

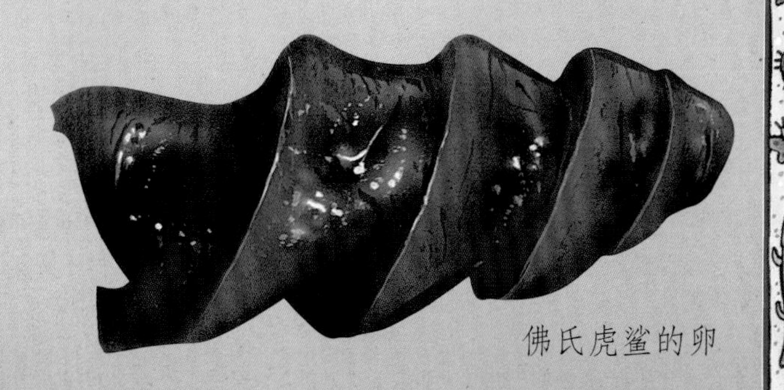
佛氏虎鲨的卵

鲸鲨的卵有一个橄榄球那么大。

我不知道 鲨鱼最大的敌人是人类

鲨鱼是体积庞大的掠食者，它们在海洋中没有天敌，但人类却为了娱乐或者鲨鱼肉、鲨鱼皮和鲨鱼油而杀害鲨鱼。不幸的是，也有很多鲨鱼被我们的捕鱼网缠住，溺水而亡。

大白鲨

鲨鱼喜欢主动攻击人类。

答案：假的。人们被《大白鲨》这样的电影灌输了这种看法，但实际上并非如此。大部分鲨鱼都不会主动攻击人类。科学家认为，只有当鲨鱼把人类误认成海豹等猎物时，才会发动攻击。

冲浪者

海豹

牛鲨

有些人捕猎鲨鱼只是为了娱乐，把它们的尸体当作战利品。在海洋中，大型鲨鱼的数量每年都在减少。

鲨鱼死后，人们用它们的鳍做成汤，用它们的牙齿做成珠宝，用它们身上的油脂做成药品和口红，尽管这些东西也可以用其他材料来制作。

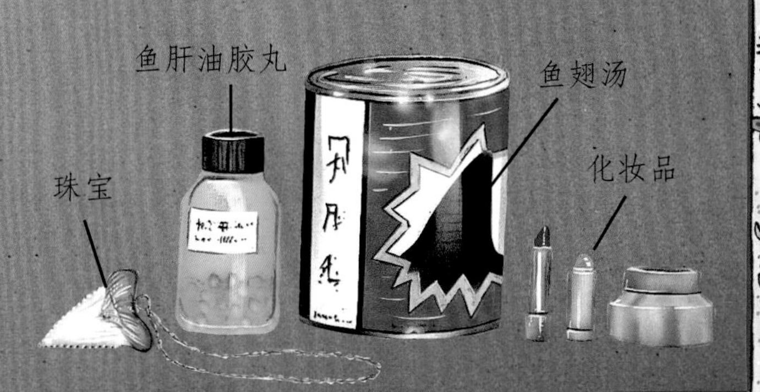

男性遭受鲨鱼攻击的次数比女性遭受鲨鱼攻击的次数多。

我不知道 研究鲨鱼的科学家身穿锁子甲

科学家潜到水下时，必须要保护自己。许多科学家都穿上了锁子甲套装，叫作防鲨服。图中这套重重的防鲨服由成千上万个不锈钢圆环做成，鲨鱼也无法咬破它。

大青鲨

为了研究鲨鱼，科学家需要时时跟踪它们。抓到鲨鱼后，科学家会在鲨鱼的鳍上安装声波金属片，再把鲨鱼放回海里。通过金属片发出的无线电信号，科学家就能全程跟踪鲨鱼了。

水下摄影师可以待在一个坚固的金属笼子里，安全地为鲨鱼拍照，但这仍然是一个让人胆战心惊的考验。水下摄影师用散发着强烈气味的诱饵吸引鲨鱼靠近，以便给它们拍出清晰的照片。有时，鲨鱼会用力撞击笼子，试图钻到笼子里！

潜水者的水肺冒出的泡泡会吓跑一些鲨鱼。

知 识 点

哺乳动物

像长颈鹿这样的动物，胎生，用乳汁哺育幼崽。

冬眠

在深度睡眠中度过冬天。

浮游生物

微小的动物和植物，漂浮在海上或者淡水中。

化石

动物死后留下的遗骸，经过数百万年后变成石头。

寄生虫

一种寄生在其他动物（也叫寄主）身上，并从它们身上获取食物的动物。寄生虫大多都对寄主有害。

甲壳动物

一类像龙虾和螃蟹这样的动物，它们有坚硬的外壳和许多条腿。

锯齿状

有锋利的、锯齿形的边，像锯子一样。

流线型

身体线条平滑，易于在水中游动。

卵黄

卵中黄色的部分，为发育中的幼体提供营养。

器官

身体中有着特定用途的一个部分，如眼睛是看东西的器官，耳朵是听声音的器官。

软骨

鲨鱼和鳐鱼骨骼的组成物质。

绦虫

一种长而扁平的虫子，是一种寄生虫，通常寄生在其他动物的胃和肠道里。

伪装

动物身上的颜色和斑点，可以帮助它们与周围的环境融为一体，从而很难被猎物发觉。

鳐鱼

一种体形巨大而腹部平坦的海鱼，长着翅膀一样的鳍和一条长尾巴。

诱饵

书中指用来吸引鲨鱼的食物，比如死鱼。

我不知道

有些动物偏爱值夜班

Z

太酷啦！动物的秘密如此多

我不知道有些动物偏爱值夜班

［英］塞西莉亚·菲茨西蒙斯◎著

［英］麦克·阿特金森◎绘

乐玉婷◎译

CNS 湖南少年儿童出版社 HUNAN JUVENILE & CHILDREN'S PUBLISHING HOUSE 小博集 BOOKY KIDS

·长沙·

著作权合同登记号：图字 18-2023-259

图书在版编目（CIP）数据

太酷啦！动物的秘密如此多．我不知道有些动物偏爱值夜班 /（英）塞西莉亚·菲茨西蒙斯著；（英）麦克·阿特金森绘；乐玉婷译．-- 长沙：湖南少年儿童出版社，2024.2
ISBN 978-7-5562-7455-0

Ⅰ．①太… Ⅱ．①塞… ②麦… ③乐… Ⅲ．①动物－儿童读物 Ⅳ．① Q95-49

中国国家版本馆 CIP 数据核字 (2024) 第 013216 号

TAI KU LA! DONGWU DE MIMI RUCI DUO WO BU ZHIDAO YOUXIE DONGWU PIAN AI ZHI YEBAN
太酷啦！动物的秘密如此多 我不知道有些动物偏爱值夜班

[英] 塞西莉亚·菲茨西蒙斯◎著 [英] 麦克·阿特金森◎绘 乐玉婷◎译

监　　制：齐小苗
责任编辑：张　新　蔡甜甜
策划编辑：盖　野　徐耀华
营销编辑：刘子嘉
策　　划：童立方·小行星
封面设计：马俊嬴
版式设计：马俊嬴
排　　版：马俊嬴

出 版 人：刘星保
出　　版：湖南少年儿童出版社
地　　址：湖南省长沙市晚报大道 89 号
邮　　编：410016
电　　话：0731-82196320
常年法律顾问：湖南崇民律师事务所 柳成柱律师
经　　销：新华书店
开　　本：889 mm×995 mm 1/16
印　　刷：北京尚唐印刷包装有限公司
字　　数：18 千字
印　　张：2
版　　次：2024 年 2 月第 1 版
印　　次：2024 年 2 月第 1 次印刷
书　　号：ISBN 978-7-5562-7455-0
定　　价：198.00 元（全 12 册）

若有质量问题，请致电质量监督电话：010-59096394　团购电话：010-59320018

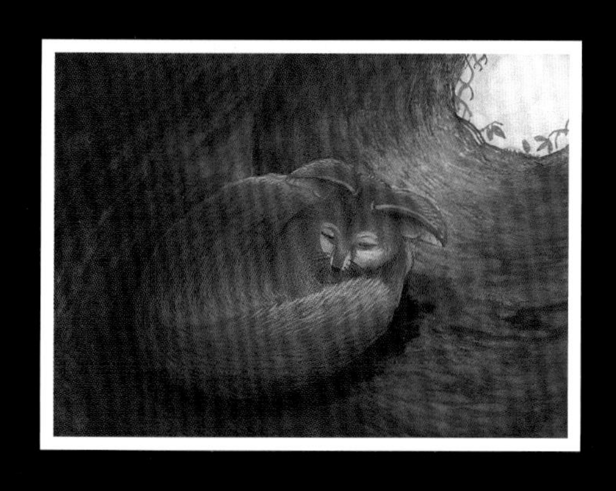

你知道吗？吸血蝙蝠在夜间吸血，耳廓狐白天睡在沙丘下的洞穴中，猫头鹰在夜空中捕猎时可以不发出一点声音……

快来认识各种夜行性动物，了解它们是谁，它们如何捕猎，它们吃什么，等等。让我们一起来探索各种夜行性动物的奇妙趣事吧！

注意这个图标，它表明这一页上有一个好玩的小游戏，快来一试身手！

真的还是假的？看到这个图标，说明要做判断题喽！记得先回答，再看答案。

别忘了读一读页边上的夜行性动物小百科！

许多夜行性动物的皮毛上有着白色条纹或白色斑点。

我不知道 有些动物只在夜间出行

这样的动物叫作夜行性动物。狐狸和浣熊都是夜行性动物，在晚上出来捕猎。其他一些动物，比如猫，也会在晚上出来。

夜间，一些蠕虫从洞穴中爬出来。它们抓住一片落叶，把它拖入地下洞穴中。

在史前时代，哺乳动物中只有鼩鼱这类小型动物，它们是小型恐龙猎杀的对象。这些恐龙可能和鼩鼱一样，也是“夜行族”。夜间，大型恐龙睡觉的时候，它们出来活动。恐龙灭绝后，哺乳动物和鸟类成了最厉害的动物。

野仓鼠和沙鼠生活在地下洞穴中。夜间，它们跑出来四处活动。要是你养过宠物仓鼠，就会比较清楚它们的习惯。它们晚上在运动轮上跑来跑去，有时候会把主人吵醒。

我不知道

豹子在夜间捕猎

它们生活在非洲、亚洲和美洲等地区，捕食各种体形的动物——小到昆虫，大到羚羊。较大的猎物会被拖到树上，足够豹子吃上好几天。

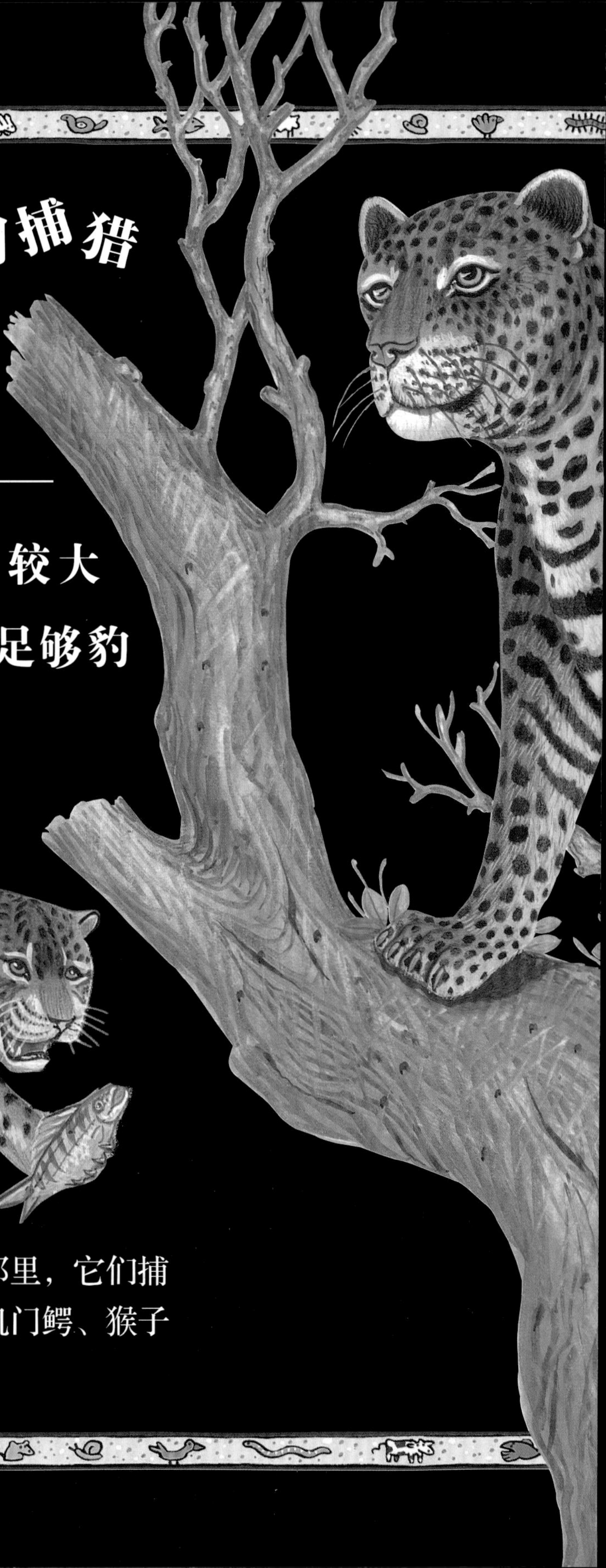

美洲豹生活在美洲的雨林中。在那里，它们捕食各种各样的动物，比如野猪、鹿、凯门鳄、猴子和鱼。

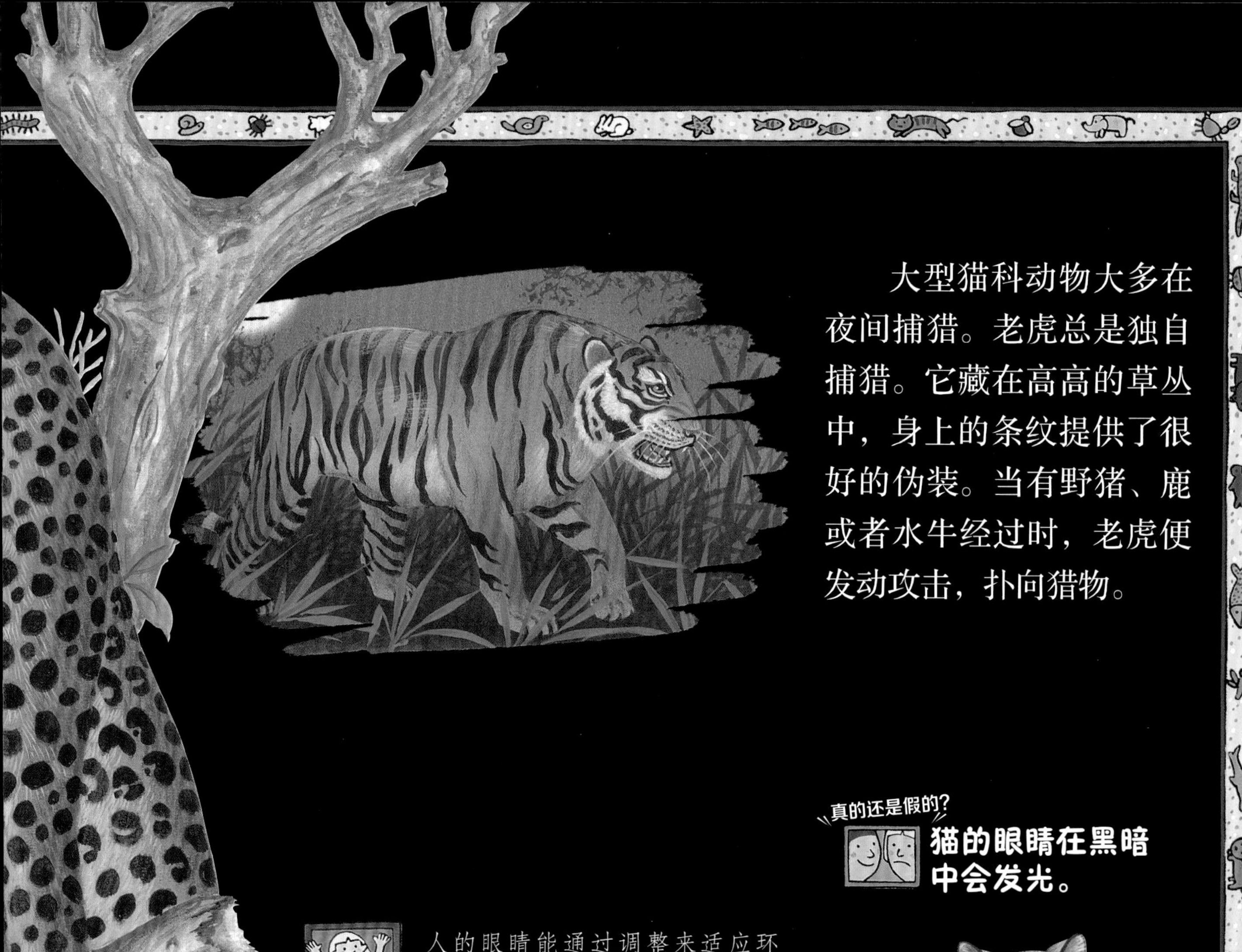

大型猫科动物大多在夜间捕猎。老虎总是独自捕猎。它藏在高高的草丛中，身上的条纹提供了很好的伪装。当有野猪、鹿或者水牛经过时，老虎便发动攻击，扑向猎物。

真的还是假的？

猫的眼睛在黑暗中会发光。

答案：假的。猫的瞳孔在夜间会放大，当光线从眼底的照膜上再次反射出来，眼睛看上去就像在发光。

人的眼睛能通过调整来适应环境，使人在黑暗中看见物体。拿出一面镜子，盯着镜子里的眼睛。先面向明亮的窗户照镜子，接着面向光线昏暗的房间照镜子。在这个过程中，观察你的瞳孔是如何变化的。

猫在黑暗中用胡须感知空气的流动以及猎物的活动。

我不知道

刺猬能卷成一个刺球

如果在夜间碰到危险，刺猬会把四肢、头和柔软的腹部全都缩进去，变成一团锋利的尖刺保护自己。白天，它就用这样的姿势睡觉。

真的还是假的？

负鼠会装死。

答案：真的。如果受到攻击，弗吉尼亚负鼠会躺在地上，闭上眼睛并伸出舌头，假装自己已经死了。

刺猬

穿山甲从头到尾都覆盖着一层坚韧而锋利的盔甲。受到惊吓时，这种动作缓慢的食虫动物会紧紧地缩成一团，直到危险过去。

臭鼬身上都有显眼的黑白条纹，这是在警告食肉动物离它远点。臭鼬在夜间活动，遇到袭击者时会喷射出一股非常难闻的气味来保护自己。

狼会对着月亮嗥叫

事实上，不论有没有月光，它们都会在晚上“合唱”，通常持续好几分钟。它们久久不绝的歌声可能是狩猎开始的信号。

成群的斑鬣狗在夜间觅食。它们发出各种各样的声音相互联络，比如呜呜声、咯咯声、咕哝声和呻吟声，有时听起来就像是在放声大笑。

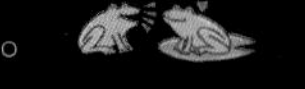

每到天黑入睡前，成群的南美洲吼猴会爬到树梢上，齐声发出响亮的吼叫声。它们以这种方式宣布自己的领地，吼声震耳欲聋，远在5千米之外都能听到。

蟋蟀在温暖的夏夜放声歌唱，用唧唧的叫声吸引配偶。

泰国猪鼻蝙蝠是世界上最小的哺乳动物。

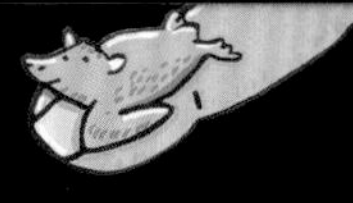

长耳蝠

我不知道 蝙蝠用耳朵“看”东西

夜晚，它们利用回声定位来“导航”。蝙蝠发出超声波，超声波遇到物体后返回，蝙蝠根据超声波返回的时间和速度，确定猎物的类型和方位 。

吸血蝙蝠常见于南美洲。它们非常胆小，总在夜间出行。它们悄悄地爬到猎物身上，用牙齿咬开一个口子，然后舔食流出的血液。

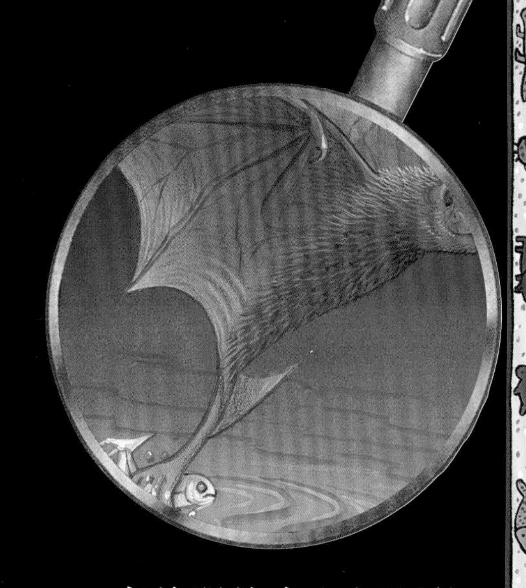

南美洲的食鱼蝠猛扑下来，将爪子伸入水中抓起一条鱼。鱼游动时，水面会产生细小的波纹，食鱼蝠用声呐准确地定位水波并发现目标。

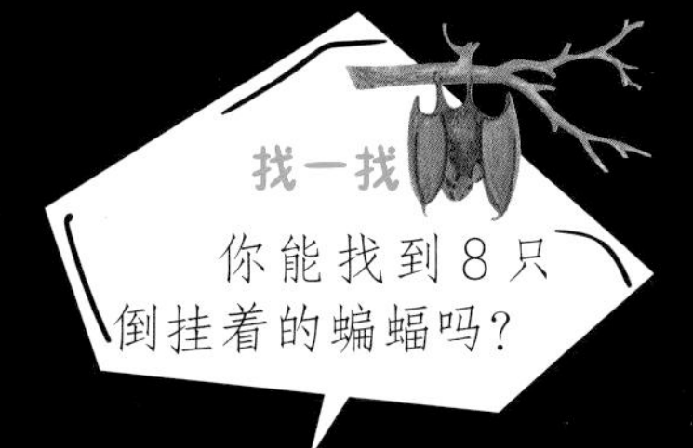

真的还是假的？

蝙蝠都是瞎子。

答案：假的。蝙蝠的视力很好，但是夜间飞行时，它们用的更多的是回声定位，而不是眼睛。

有些飞蛾会发出超高速的微小声波，干扰蝙蝠的回声定位，从而逃过一劫。

油鸱以果实为食，有一双大大的“夜视眼”。在夜间飞行时，它们会发出咔哒声，并利用回声定位来导航。它们的巢穴多分布在洞穴里。

我不知道 猫头鹰在夜空中飞行时悄无声息

猫头鹰俯冲下来，猎物还没听到声音就已落入它们口中。猫头鹰的飞羽外侧呈梳齿结构，可以减少飞行时由气流产生的噪声。

鸮鹦鹉是世界上最濒危的鸟类之一，分布在新西兰，是不会飞的大型鹦鹉。鸮鹦鹉是夜行性动物。白天，它们钻进地洞里，以逃避老鹰之类的捕食者。

我不知道

响尾蛇使用“热敏探测器”寻找猎物

它们脸上的颊窝像红外线摄像机一样，能“看到”温血动物的图像。因此，即使在夜间，它们也能捕猎食物。

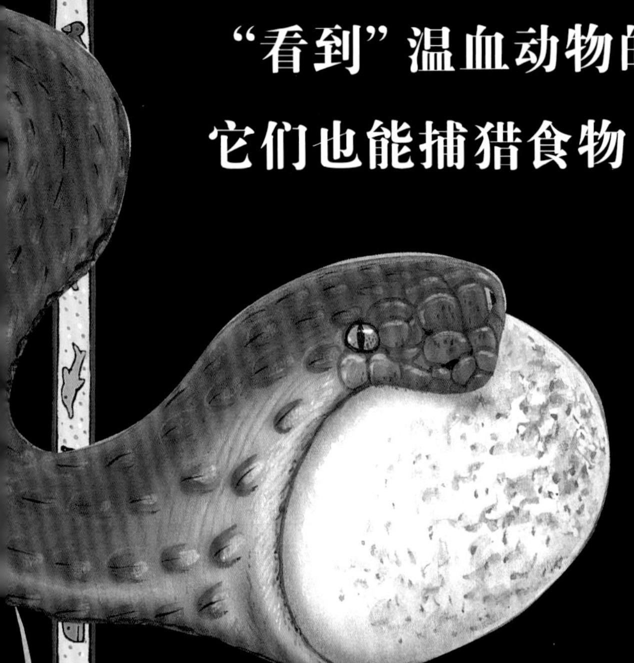

食卵蛇以卵为食，它先使自己的下颌脱臼，然后把蛋整个吞下。它的喉咙中有一排尖锐的突出物，能捣碎蛋壳。吸食完蛋浆后，食卵蛇再把蛋壳反刍出来。

蝮蛇

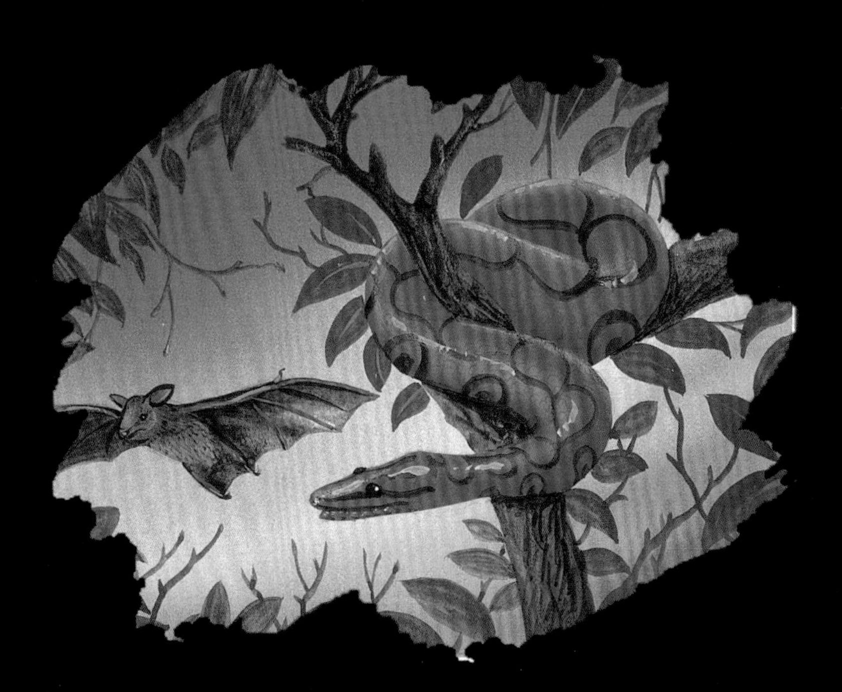

南美洲的雨林中，彩虹蟒在夜间出行，捕食鸟类或小型哺乳动物。和它们的亲戚巨蚺一样，彩虹蟒会紧紧地缠住猎物，直到把猎物勒死。

真的还是假的？

蛇能品尝空气中的气味。

答案：真的。蛇不停地吞吐舌头，收集空气中的各种化学物质。舌头缩回口腔时，化学物质就会涂到口腔顶部的犁鼻器上，然后将气味信息传递给大脑，从而产生嗅觉。

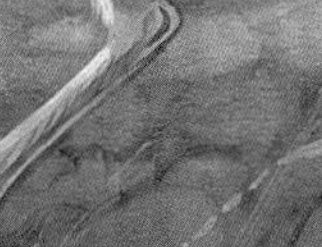

犁鼻器

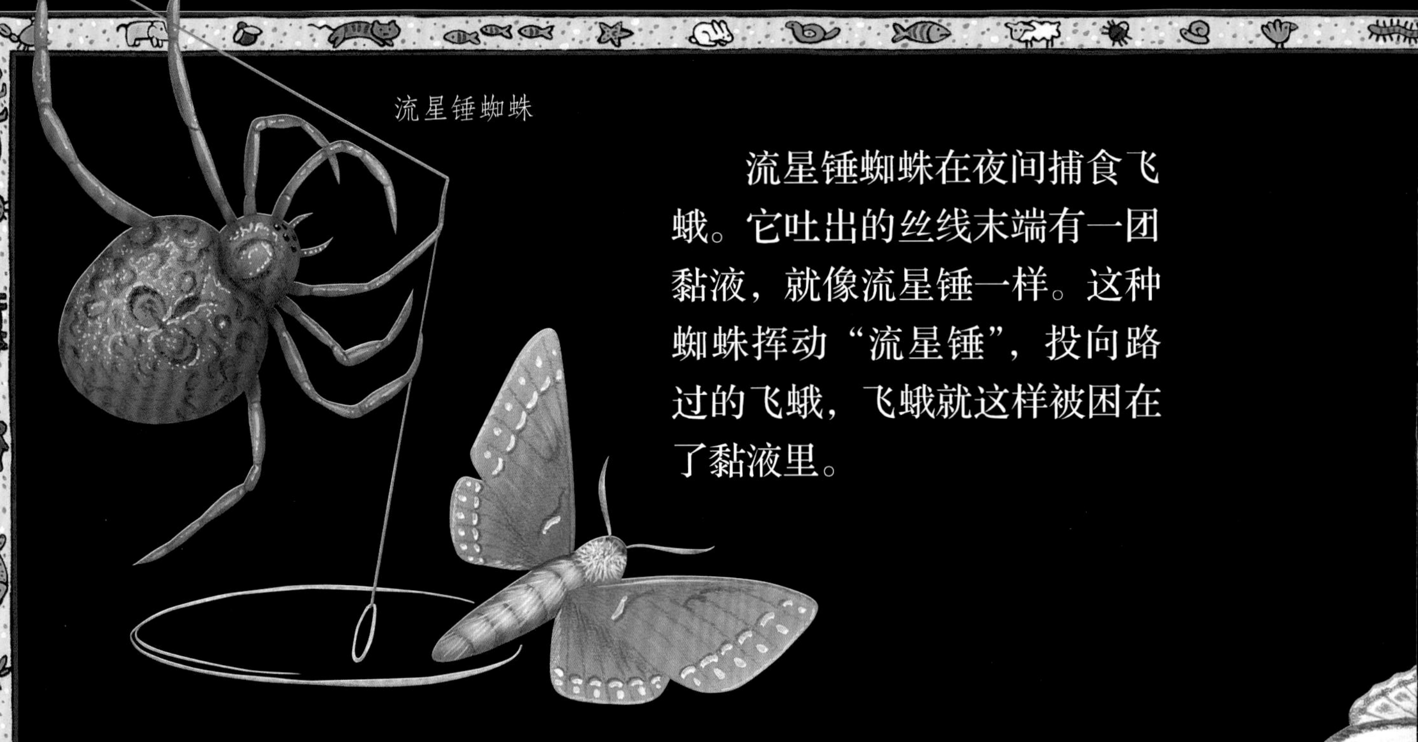

流星锤蜘蛛在夜间捕食飞蛾。它吐出的丝线末端有一团黏液，就像流星锤一样。这种蜘蛛挥动“流星锤”，投向路过的飞蛾，飞蛾就这样被困在了黏液里。

我不知道 飞蛾会被灯泡吸引

它们被明晃晃的灯光弄得头晕目眩、困惑不解，最终它们还是不可抗拒地飞向灯泡，并绕着灯泡乱飞。

真的还是假的？

为了躲避蝙蝠，有些飞蛾会直直地向地面俯冲。

答案：真的。有些飞蛾会头朝地直线俯冲下来，以躲避饥饿的蝙蝠，它们会躲在地面上，直到危险过去。

红毛窃蠹用头撞击木头发出咔哒声来吸引配偶。

天蛾是世界上飞得最快的飞蛾。它们的飞行速度可以达到每小时 50 千米以上。鬼脸天蛾的背部有骷髅形斑纹，因此它才有了这个可怕的名字。

天黑后，在晾衣绳或两棵树之间的绳子上挂一张白床单。用灯在床单上照出一束亮光，观察是否有飞蛾落到光圈上。

夜幕降临后，微小的浮游生物浮到海面上觅食，后面跟着以它们为食的水母。黎明破晓时，这些浮游生物全都沉入海中。

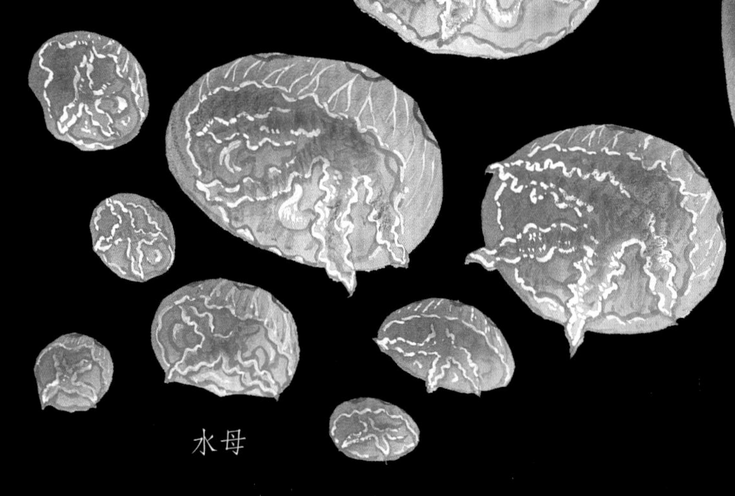

我不知道 珊瑚虫在夜间出来觅食

珊瑚礁由一种叫珊瑚虫的小型海洋动物群的骨骼堆积而成。珊瑚虫张开触手捕捉食物，并将其送入口器中。

海龟生活在开阔的海洋中，但会回到陆地上产卵。夜间，雌龟努力爬上海滩，在沙滩上挖出深洞，然后把卵产到洞里。

绿海龟

鲎

成群的鲎会迁徙到美洲和亚洲的海滩上产卵繁殖。它们用三个夜晚，借着满月的光在沙滩上交配，然后挖坑产卵，最后游回大海。

我不知道

有些动物会在夜间发光

它们体内的荧光素在催化作用下发生化学反应，光就是在这个过程中释放出的能量。

发光虫和萤火虫是甲虫家族的成员。它们的腹部末端能发出黄色或绿色的光，用来吸引配偶。

许多深海动物都长有发光器官。闪光鱼可以打开或者关闭自己的发光器官。不同频率的闪光，可以帮助闪光鱼在漆黑的环境中辨别出对方是敌人还是朋友，是食物还是配偶。

一种被称为夜光虫的单细胞生物生活在海面上，随着水流发出荧光。成群的夜光虫使海水闪闪发光，在船尾闪烁着带有光芒的涟漪。

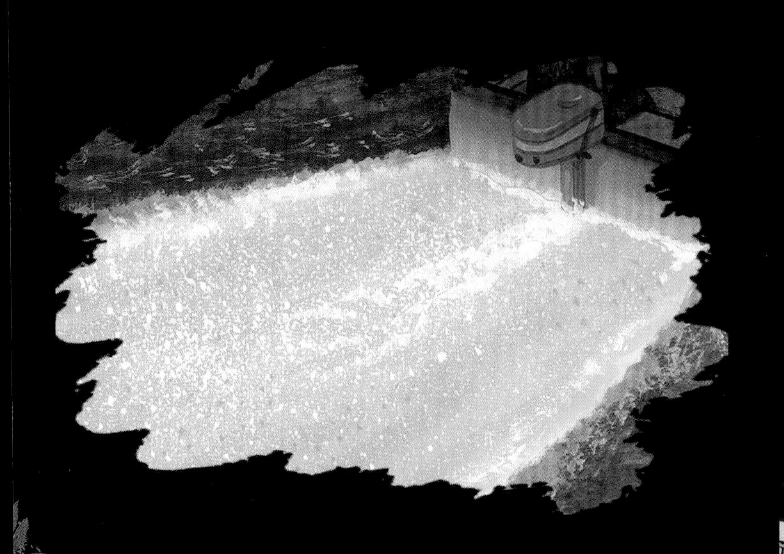

真的还是假的？

不是只有动物才能在黑暗中发光。

答案：真的。有些毒蘑菇会发光，比如美国一种被称为“杰克灯”的橙黄色蘑菇和澳大利亚的鬼伞菌，生长在林地中，在夜晚发光。

蜗牛走到哪里都会留下黏乎乎的痕迹。

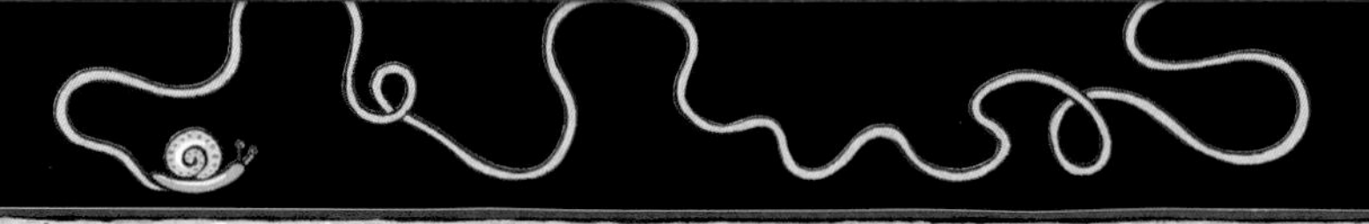

我不知道 爱分泌黏液的动物喜欢夜晚

蛞蝓、蜗牛、青蛙和蠕虫身上覆有黏液，以防自己的身体变得干燥。对它们来说，夜晚空气凉爽湿润，比炎热干燥的白天舒服多了。

找一找

你能找到5只青蛙吗？

树蛙

蛞蝓

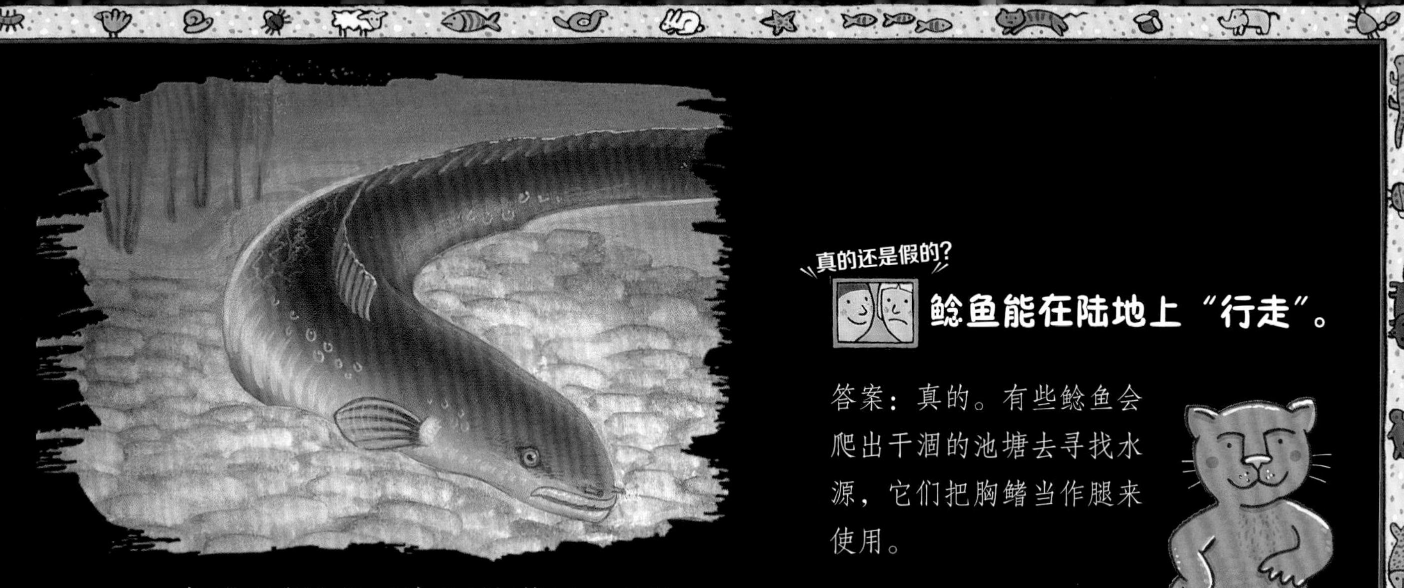

鳗鱼可以爬过潮湿的草地，通过池塘进入河流。在陆地上爬行时，它们会闭上鳃，就像我们在水下屏住呼吸一样。

真的还是假的？

鲶鱼能在陆地上“行走”。

答案：真的。有些鲶鱼会爬出干涸的池塘去寻找水源，它们把胸鳍当作腿来使用。

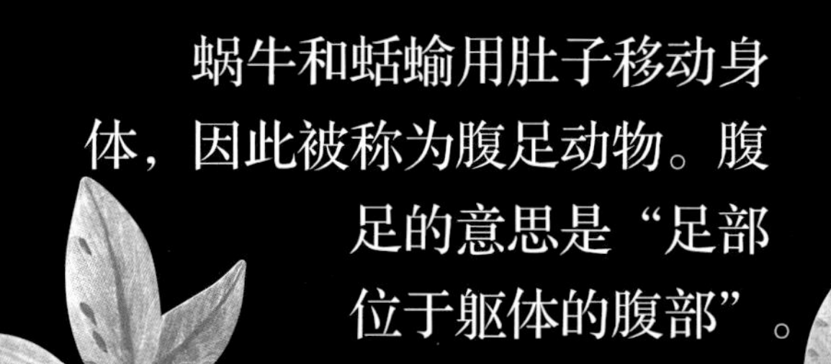

蜗牛和蛞蝓用肚子移动身体，因此被称为腹足动物。腹足的意思是“足部位于躯体的腹部”。

我不知道 有些动物在白天睡觉

大多数动物在夜间捕猎，白天睡觉，比如大型猫科动物。白天，狮子大部分时间都在睡觉，为下次捕猎保存体力。

蝙蝠在白天睡得很沉。为了躲避食肉动物，它们会挤在一起，栖息在树洞里、岩穴中或是屋檐下。

真的还是假的？

有种袋鼠睡在树上。

答案：真的。树袋鼠生活在澳大利亚北部和新几内亚的雨林中。它们整个白天都睡在高高的树枝上，夜间醒来出去觅食。

许多壁虎在夜间很活跃。白天，它们躲在墙壁、岩石或树皮上的裂缝里。

体形细小的耳廓狐睡在凉爽的巢穴里，巢穴一般位于很深的沙地下。到了晚上，它们巨大的耳朵能捕捉到蜥蜴等小型动物发出的轻微沙沙声。

侏儒蝰蛇把自己埋在沙子里，以避开炎热的太阳。

知识点

濒危物种

非常稀有的动物或植物，如果这种生物和它们的栖息地没有得到较好的保护，这种生物就可能灭绝。

哺乳动物

像长颈鹿这样的生物，胎生，用乳汁哺育幼崽。

超声波

高频而短促的声音。常常频率很高，人类的耳朵听不见。

动物群

一群生活在一起的动物，它们有着相同的生活方式，吃一样的食物。种群中的个体成员可能无法独自生存。

发光器官

有些动物身体内的一种器官，用来产生亮光。

反刍

某些动物在进食时，咀嚼、吞下后又将食物从胃里返回嘴里。未消化的食物可能会被吐出来或再次咀嚼咽下。

浮游生物

微小的动物和植物，漂浮在海上或者淡水中。

回声定位

在完全的黑暗中，通过发送超声波来“看”。动物通过比较回声返回的时间，形成一幅声音图像。

犁鼻器

蛇口腔上部的颊窝，用来感应猎物。

迁徙

动物从一个地方长途旅行到另一个地方，常常是为了繁殖。

声呐

利用声波在水下的传播特性，完成水下探测和通讯任务的设备。

食肉动物

主要以肉类为食物的动物，如老虎和狮子。

瞳孔

眼睛中央的黑色部分，是光线进入眼睛的通道。

伪装

动物身上的颜色和斑点，可以帮助它们与周围的环境融为一体，使其很难被猎物发觉。

夜行性动物

在夜间活跃的动物。

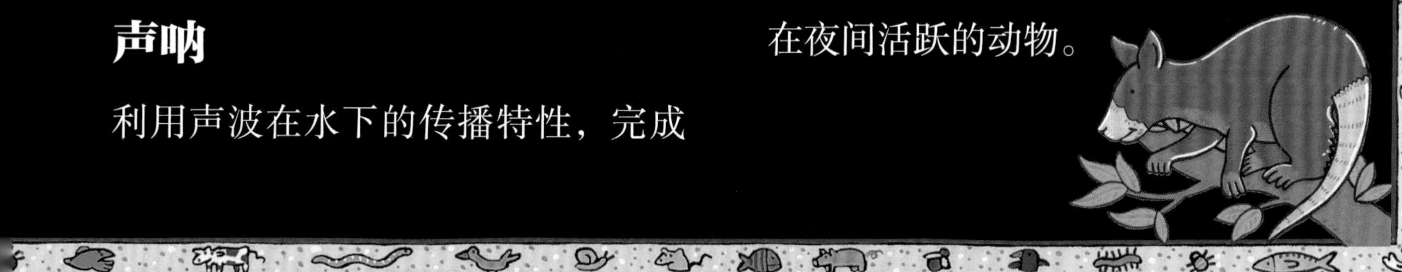

我不知道

它们

比我大

那么多

\ 太酷啦！动物的秘密如此多 /

我不知道它们比我大那么多

［英］塞西莉亚·菲茨西蒙斯◎著

［英］麦克·阿特金森◎绘

钟莹倩◎译

CNS 湖南少年儿童出版社 HUNAN JUVENILE & CHILDREN'S PUBLISHING HOUSE 小博集 BOOKY KIDS

·长沙·

著作权合同登记号：图字 18-2023-259

图书在版编目（CIP）数据

太酷啦！动物的秘密如此多．我不知道它们比我大那么多 /（英）塞西莉亚·菲茨西蒙斯著；（英）麦克·阿特金森绘；钟莹倩译．-- 长沙：湖南少年儿童出版社，2024.2
ISBN 978-7-5562-7455-0

Ⅰ．①太… Ⅱ．①塞… ②麦… ③钟… Ⅲ．①动物－儿童读物 Ⅳ．① Q95-49

中国国家版本馆 CIP 数据核字 (2024) 第 013215 号

TAI KU LA! DONGWU DE MIMI RUCI DUO WO BU ZHIDAO TAMEN BI WO DA NAME DUO
太酷啦！动物的秘密如此多 我不知道它们比我大那么多

[英] 塞西莉亚·菲茨西蒙斯◎著 [英] 麦克·阿特金森◎绘 钟莹倩◎译

监　　制：齐小苗
策　　划：童立方·小行星
责任编辑：张　新　蔡甜甜
封面设计：马俊赢
策划编辑：盖　野　徐耀华
版式设计：马俊赢
营销编辑：刘子嘉
排　　版：马俊赢

出 版 人：刘星保
出　　版：湖南少年儿童出版社
地　　址：湖南省长沙市晚报大道 89 号
邮　　编：410016
电　　话：0731-82196320
常年法律顾问：湖南崇民律师事务所 柳成柱律师
经　　销：新华书店
开　　本：889 mm×995 mm 1/16
印　　刷：北京尚唐印刷包装有限公司
字　　数：18 千字
印　　张：2
版　　次：2024 年 2 月第 1 版
印　　次：2024 年 2 月第 1 次印刷
书　　号：ISBN 978-7-5562-7455-0
定　　价：198.00 元（全 12 册）

若有质量问题，请致电质量监督电话：010-59096394　　团购电话：010-59320018

你知道吗？角雕能够捕食猴子，鸵鸟蛋是世界上最大的蛋，有些鱼有翅膀……

快来认识各种巨型动物，了解它们中最大的有多大，体重有多少，吃些什么，等等，一起走进巨型动物的世界吧！

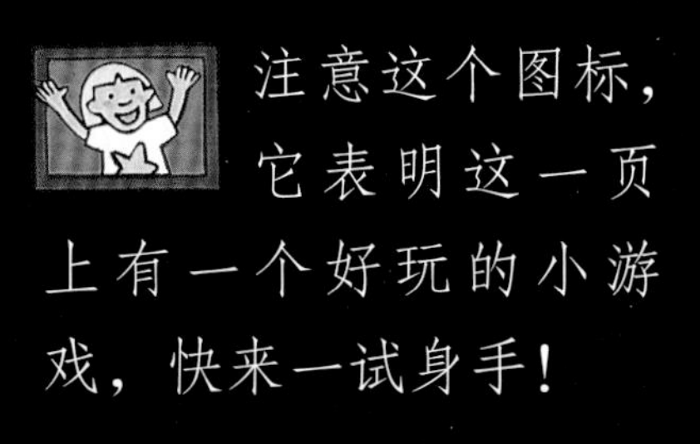

注意这个图标，它表明这一页上有一个好玩的小游戏，快来一试身手！

真的还是假的？看到这个图标，说明要做判断题喽！记得先回答，再看答案。

别忘了读一读页边上的巨型动物小百科！

砗磲的体重可达270千克，体长达到1米多。

象海豹是世界上最大的海豹。雄性象海豹的体长能达6米——几乎有一辆卡车那么长。象海豹之间争夺领地和配偶的战斗异常激烈，雄性会挺起前身，撞击对手，发出巨大的咆哮声，把象鼻吹得鼓鼓的。

我不知道

蓝鲸是地球上最大的动物

它们的体长可达33米，体重将近200吨。

这使它们成为海洋和陆地上最大的哺乳动物。

蓝鲸

儒艮是温和的巨人，长着短短的、有须的鼻吻。它扁平的尾巴像美人鱼的尾巴一样，能够缓慢地将自己推到热带浅海水域，在海岸边寻觅可以吃的海草。

数量众多的海象生活在寒冷的北极。成年海象长着长牙，用来防御及在海床上掘取蚌蛤等食物，还能把自己从水中拉到冰面上来。

我不知道 非洲象是陆地上最大的动物

它们最大可长到4米高，是我们成人平均身高的两倍多。

黑犀牛

濒临灭绝的白犀牛是最大的犀牛，重约3吨。黑犀牛体形小一些，但攻击性更强，向前冲的时速可达55千米。

长颈鹿是世界上现存最高的动物。它们的身高能达到你的5倍，这让它们可以轻松地吃到树梢上的叶子。

河马很重。有些河马重3吨以上。它们白天在河流中休息，晚上爬到陆地上觅食。

我不知道 大猩猩的体重有 180 多千克

大猩猩是一种大型类人猿，也是最大的灵长目动物。虽然大猩猩比人类稍矮一些，但它们比人类重得多。

猩猩张开手臂，一只手的指尖到另一只手的指尖距离可达3米。它们借助长长的手臂在树枝间游荡，还可以伸手摘下多汁的水果和树叶吃。

你和大猩猩一样重吗？用你的体重来测量一下大猩猩的体重，看看多少个“你”才能达到一只大猩猩的体重吧！

我不知道 大熊猫整天都在吃

它们喜欢吃竹子。和熊猫一样，熊的胃口也很大，有些熊捕食鱼类等小动物，有些熊吃昆虫和树叶。

北极熊生活在寒冷的北冰洋，擅长游泳。世界上最高的北极熊有3.5米高呢！

灰熊是出色的“渔民”。当鲑鱼洄游到上游产卵时，灰熊就在河边等着。它们闯入湍急的河流，用爪子抓住鲑鱼。

真的还是假的？

泰迪熊是以一位美国总统的名字命名的。

答案：真的。美国总统西奥多·罗斯福的昵称是“泰迪”。有一次，他救了一只小熊，随后一种名为“泰迪”的毛绒熊玩具就开始在商店里出售了。

我不知道 鸵鸟蛋是世界上最大的蛋

鸵鸟蛋平均长达20厘米，重达2千克。鸵鸟蛋孵化后，小鸵鸟在鸵鸟群里生活。

安第斯秃鹰

角雕是最大的猛禽，它从南美洲热带雨林的上空俯冲下来，可以抓住吼猴和重 5 千克以上的树懒，然后带着这些动物一起飞走。

角雕

安第斯秃鹰翱翔在南美洲安第斯山脉的上空。双翼展开，约有 3 米长。这种巨大的秃鹰以马或牛等大型动物的腐肉为食。

真的还是假的？

在所有鸟类中，信天翁的翼展最长。

答案：真的。在南极洲附近海洋上空滑翔的漂泊信天翁是一种体形最大的信天翁，它的翼展长度超过 3.5 米。

有些秃鹰可能因为吃得太饱而飞不起来。

我不知道 科莫多巨蜥是最大的蜥蜴

科学家只在印度尼西亚的科莫多岛及附近的岛屿上发现过它们的踪迹。这种巨蜥可达3米长，重166千克，是众多巨型爬行动物中的一种。

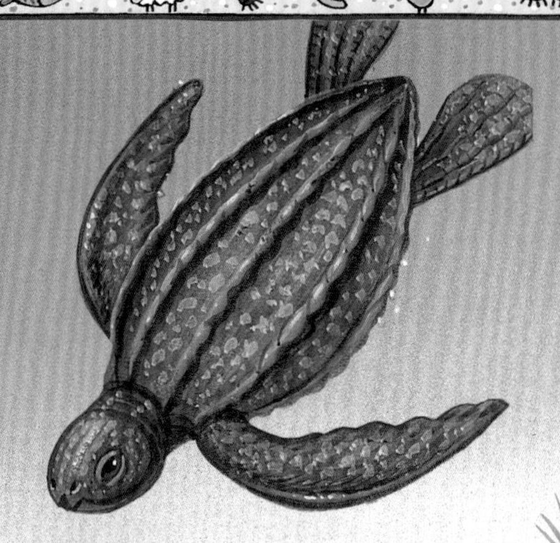

稀有的棱皮龟体长达2.4米余。它们生活在温带海域，以水母为食。

湾鳄是最大的爬行动物。它们有的可达 8 米长，体重超过 500 千克。这种危险的食人鳄生活在澳大利亚北部和东南亚的河流、河口及海洋中。

真的还是假的？

加拉帕戈斯象龟可以活到 150 岁。

答案：真的。加拉帕戈斯群岛意为“巨龟之岛”，岛上生活着许多大型陆龟，因体形庞大而被称为“象龟”。历史上，一只名为“乔纳森”的象龟活了近 200 年。

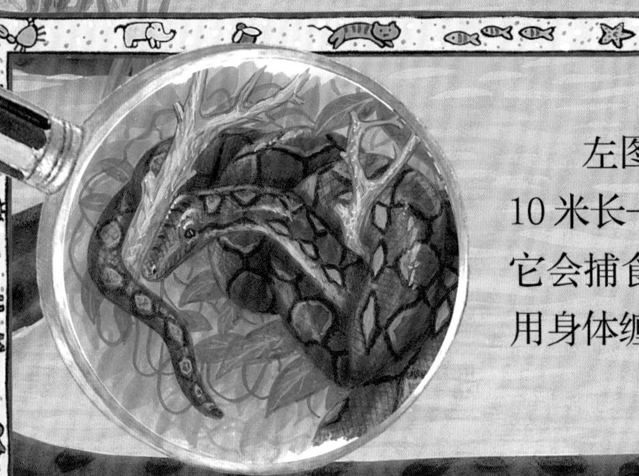

左图是生活在密林中的网纹蟒，可达10米长——和网球场的宽度差不多。夜晚，它会捕食像野猪这样的大型动物，方法是用身体缠住并勒死它们。

绿森蚺

我不知道 绿森蚺是最重的蛇

它生活在南美洲的沼泽和河流中，至少可达8米长，体重超过200千克。

受到威胁时，眼镜蛇会抬起头。发动攻击前，颈部的皮褶向两侧膨胀。眼镜王蛇是最大的眼镜蛇，体长达到 5.6 米。它的咬伤是致命的，被咬伤的人必须接受抗蛇毒血清的治疗。

眼镜蛇

真的还是假的？

加蓬蝰蛇拥有世界上最长的毒牙。

答案：真的。加蓬蝰蛇生活在非洲的热带森林里。它的毒牙和你的手指一样长——大约有 5 厘米呢！

我不知道 最大的蝴蝶竟有这么大

亚历山大女皇鸟翼凤蝶生活在新几内亚岛的森林里，翼展达到 28 厘米。这种蝴蝶是相当珍稀的濒危物种。

世界上最重的甲虫是巨人甲虫，它是一种产自热带非洲的圣甲虫。它只有 11 厘米长，体重却有 100 克。南美洲的大力士甲虫体形较长，但体重轻一些。

人们曾捉住过一条鞋带虫，发现它的体长竟有 55 米。

亚马逊巨人食鸟蛛生活在南美洲，腿部伸长后，体长可达28厘米——比一个大餐盘还要大。而且，雌蛛的体形比雄蛛的更大，体重也重一些。

非洲大蜗牛的壳有27厘米长。它柔软的身体部位能延伸至40厘米长。一些海洋贝类的壳更大——长度可达1米。

试着测量一些动物的大小吧！把一张坐标纸（毫米网格）放在杯子底部，再将一只昆虫或蜘蛛放到杯子中，数一数它的身体覆盖了多少个网格，就能大致推测出它的大小了。

我不知道

有些鱼有翅膀

蝠鲼是最大的鳐鱼，它们有时在温暖的水面上轻轻拍打宽阔的翅状鳍，有时跳出水面，仿佛在张开翅膀飞翔。

巨型翻车鱼常常漂浮在海面的洋流上。它们的体长超过 4 米，看起来似乎只有头，没有身体和尾巴。

翻车鱼

真的还是假的？

大王乌贼的眼睛比篮球还要大。

答案：真的。人类对这种神秘的动物知之甚少。在所知的大王乌贼中，有一只大王乌贼的眼睛竟有 40 厘米宽——几乎和汽车轮胎的直径一样宽呢！

鲸鲨是最大的鱼类，体长有 20 米。与姥鲨和须鲸一样，它以浮游生物为食。

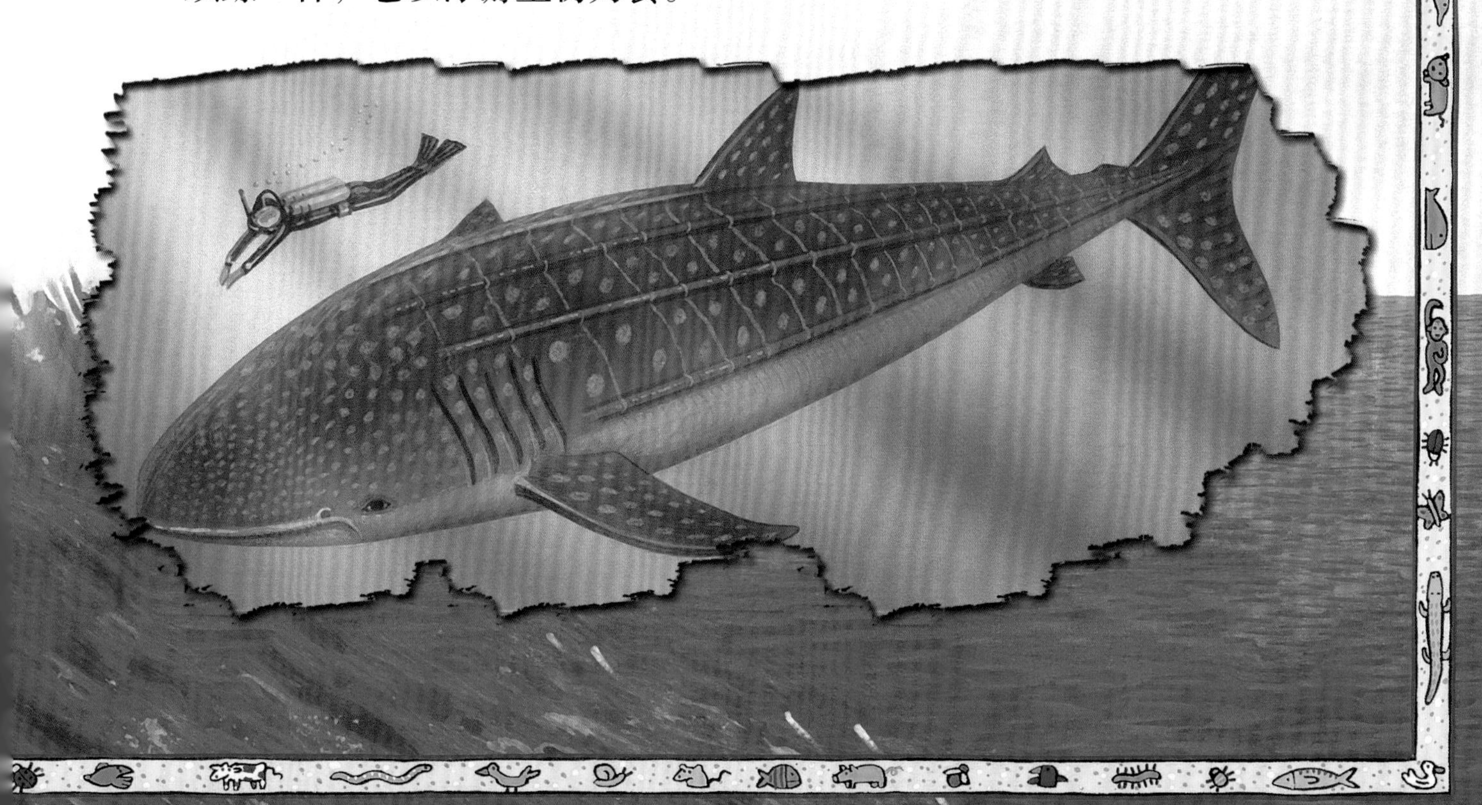

我不知道 非洲巨蛙的体重可超过 3.6 千克

这种产自西非的巨蛙身长 30 厘米，双腿伸展时可达 87 厘米长。美洲牛蛙生活在河流、湖泊和池塘中，它们可以长到和非洲巨蛙差不多的大小，但没有那么重。

南美洲的巨型海蟾蜍被引进到澳大利亚捕食害虫。不幸的是，澳大利亚的海蟾蜍已经泛滥成灾了。

日本大鲵和中国大鲵是现存最大的两栖动物。它们生活在寒冷的山河底部，能长到 2 米长。

蟾蜍一次产下的卵比其他任何动物都要多。

答案：假的。海蟾蜍一次可以产 3.5 万枚卵，但许多鱼类也能产下数量巨大的卵。翻车鱼一次至少产下 3 亿枚卵。

超龙

风神翼龙是最大的飞行动物，翼展惊人，宽达15米。风神翼龙飞起来就像一架小型飞机。

我不知道

蜥脚类恐龙曾是陆地上最大的动物

人类只发现了它们的少数遗骸化石。其中最大的化石来自一头长颈恐龙，有18米高，比4层楼还要高，人类几乎还没有它的脚踝高！

恐龙灭绝以后，地球上最凶猛的食肉动物是不会飞的巨鸟——不飞鸟。不飞鸟有 2 米高，长着一对强壮的腿、爪子和一个巨大的用来撕裂猎物的钩状喙。它捕食小型哺乳动物。

我不知道 人类居然这么渺小

目前，还没有其他动物像人类这样，对地球上的生物产生过如此重大的影响。我们的狩猎活动和破坏栖息地的行为，已经使一些物种濒临灭绝。自然界中所有动植物都需要我们的保护，这样大家才能共同生存。

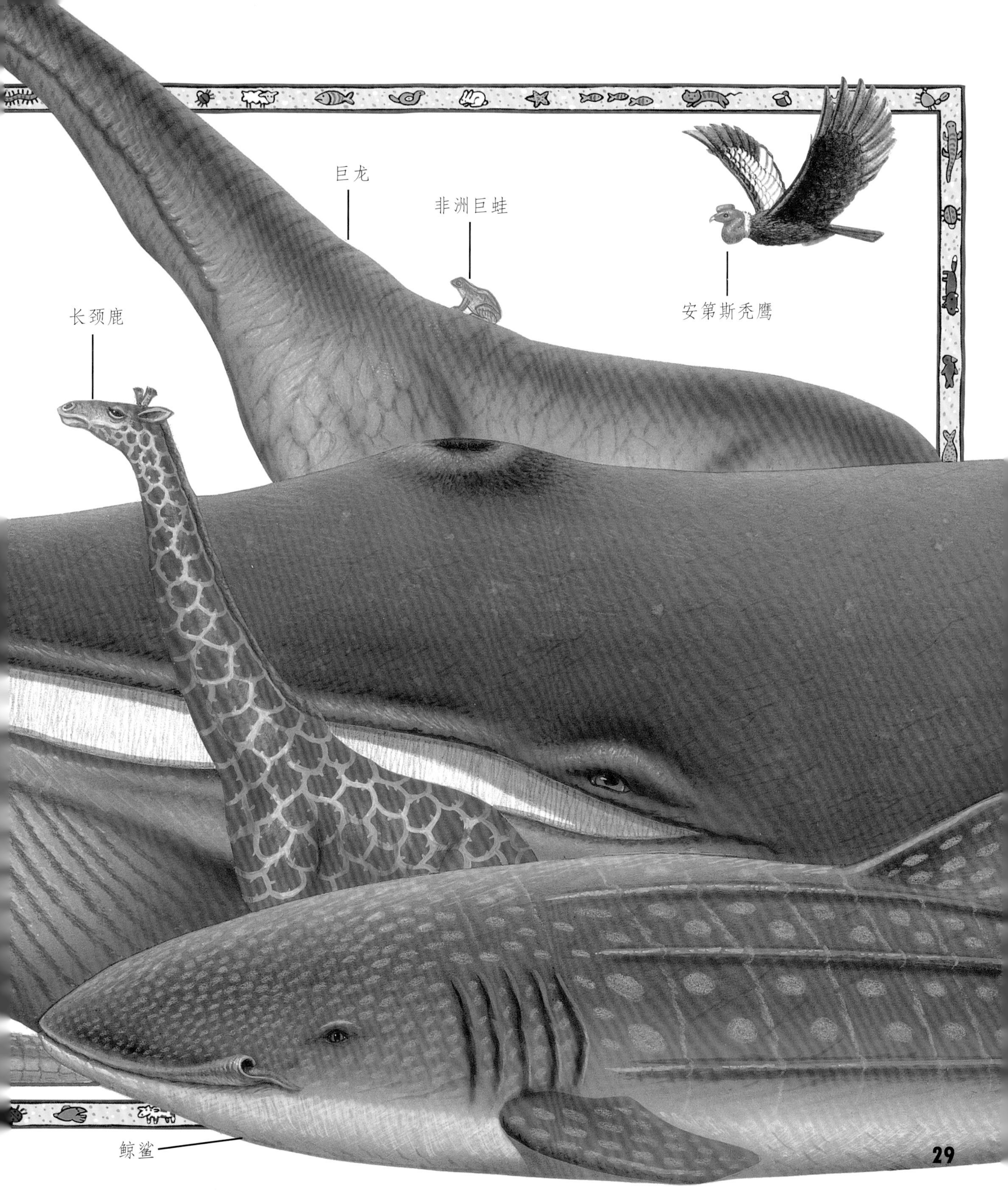
巨龙
非洲巨蛙
安第斯秃鹰
长颈鹿
鲸鲨

知识点

濒危物种

非常稀有的动物或植物，如果这种生物和它们的栖息地没有得到较好的保护，这种生物就可能灭绝。

哺乳动物

像长颈鹿这样的动物，胎生，用乳汁哺育幼崽。

产卵

雌性动物产下卵的过程。

毒牙

长长的尖牙。蛇用中空的毒牙向猎物注射毒液。

浮游生物

微小的动物和植物，漂浮在海水和淡水中。

腐肉

动物被捕食者杀死，或因意外和自然原因而死亡后，尸体变腐烂的肉。

抗蛇毒血清

一种药物，用于治疗毒蛇的咬伤。

灵长目动物

包括人类、猿和猴子在内的一类高等动物。

栖息地

动物或植物所处的自然环境或家园。

圣甲虫

又称食粪甲虫，它们收集动物的粪便，并在里面产卵。

物种

一种动物或植物。

蜥脚类恐龙

巨大的草食性恐龙，有着大象一样的身体、令人难以置信的长脖子和长尾巴。

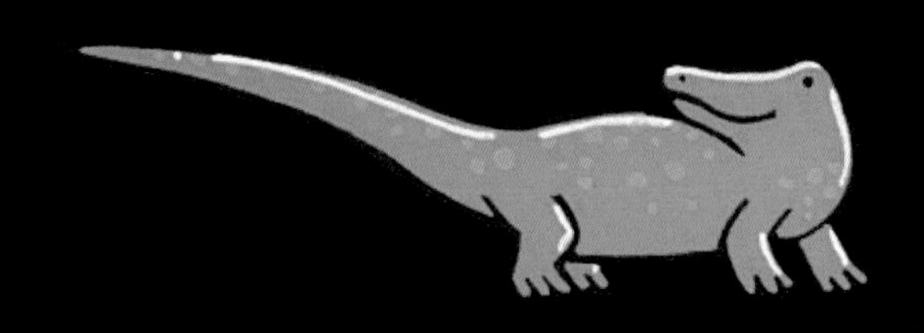

翼龙

一群会飞的爬行动物，生活在恐龙时代。

翼展

翅膀伸展后两个翅尖之间的距离。